Ciência e fé

GALILEU GALILEI

Ciência e fé

Cartas de Galileu sobre o acordo do sistema copernicano com a Bíblia

2ª edição revista e ampliada

Organização e tradução:

Carlos Arthur R. do Nascimento

Direitos de publicação reservados à:
Fundação Editora da UNESP (FEU)
Praça da Sé, 108
01001-900 – São Paulo – SP
Tel.: (0xx11) 3242-7171
Fax: (0xx11) 3242-7172
www.editoraunesp.com.br
atendimento.editora@unesp.br

CIP – Brasil. Catalogação na fonte
Sindicato Nacional dos Editores de Livros, RJ

G157c
2.ed.

Galileu, 1564-1642
Ciência e fé: cartas de Galileu sobre o acordo do sistema copernicano com a Bíblia/Galileu Galilei; tradução Carlos Arthur R. do Nascimento. – 2.ed. rev. e ampl. – São Paulo: Editora UNESP, 2009.
143p.
Inclui bibliografia
ISBN 978-85-7139-939-6

1. Religião e ciência. 2. Fé e razão. I. Título.

09-3005. CDD: 215
CDU: 279.21

Editora afiliada:

Para
Fátima,
Gabi,
Marcos e
Zeca

Sumário

Introdução

Os textos aqui apresentados formam um dossiê sobre as relações entre a ciência da Natureza (filosofia natural, como se dizia então) e a revelação bíblica, interpretada dentro da tradição católica no contexto do século XVII. Tratam-se de quatro cartas e três anotações, todas de Galileu, às quais acrescentamos a carta do Cardeal Belarmino ao Pe. Paulo Foscarini e o decreto de suspensão, isto é, de proibição até que fossem corrigidas, das *Revoluções dos orbes celestes* pela Congregação do Índice. Não é nossa intenção proceder aqui a uma análise destes documentos. Pretendemos apenas situar sumariamente os documentos referidos no seu contexto imediato e relembrar de modo muitíssimo breve um ou outro aspecto da postura galileana na questão em pauta.*

Os textos de Galileu mencionados datam do período entre 21.12.1613 (carta a Dom Benedetto Castelli) e o final de 1615 (considerações sobre a opinião copernicana) e precedem a condenação do sistema copernicano pela Igreja Católica – o decreto da Congregação do Índice é de 5.3.1616.

---

* Algumas considerações adicionais encontram-se no artigo sobre a Carta a Cristina de Lorena no final deste volume (p.137-43).

O núcleo do problema era a concordância do sistema de Copérnico com a Bíblia. Esta, em várias passagens (sendo as mais conhecidas e citadas no próprio século XVII: *Salmos* 18,6 e 103,5; I *Crônicas* 16,30; *Eclesiastes* 1,4-6; *Josué* 10,12), refere-se à estabilidade da Terra e ao movimento do Sol. Afirmar, pois, o contrário seria, à primeira vista, contradizer o texto bíblico. Este foi o tema de uma discussão na corte da Toscana em 12.12.1613, em que os protagonistas centrais foram Castelli e o professor de filosofia Cósimo Boscaglia. Castelli narra o episódio a Galileu numa carta de 14.12.1613. É o que provoca a resposta de Galileu em 21.12.1613, seguida pelas duas cartas dirigidas a Monsenhor Piero Dini em 16.2.1615 e 23.3.1615. A carta à Grã-duquesa Cristina de Lorena, que data de meados de 1615, retoma e desenvolve os elementos já expostos sumariamente nas cartas anteriores. As três *Considerações sobre a opinião copernicana* datam certamente do final de 1615; elas tratam mais uma vez da questão da concordância do sistema copernicano com a Bíblia (II e III) e discutem o estatuto científico deste sistema (I). Nota-se nesta primeira consideração a postura realista de Galileu oposta à interpretação tradicional na Antiguidade e na Idade Média, que considerava os arranjos de excêntricos e epiciclos meros artifícios de cálculo. É, aliás, o que é citado na carta do Cardeal Belarmino a Foscarini.

Tentemos resumir os pontos essenciais da argumentação galileana que voltam sempre nos textos de que estamos tratando. Em primeiro lugar, o conflito entre a ciência e a revelação bíblica só pode ser aparente. Dado que ambas são verdadeiras, seria absurdo admitir um conflito real entre duas verdades. É preciso aqui acentuar que Galileu, como católico, admite que a Bíblia é imune de erro. Quem pode errar são os intérpretes ao não captarem adequadamente o sentido do texto bíblico. Por outro lado, é preciso que se trate de ciência verdadeira e não de hipótese ou opinião. Em seguida, Galileu precisa a finalidade da Bíblia. Trata-se de um texto de ensinamento religioso e moral e não de um texto de ciência da Natureza. Como dizia o famoso epigrama atribuído ao Cardeal Barônio, citado por **319** Galileu na carta a Cristina de Lorena, "a intenção do Espírito Santo é ensinar-nos como se vai para o céu e não como vai o céu". Seria, portanto, um equívoco procurar no texto bíblico os ensinamentos de qualquer ciência que seja. Até mesmo, para cumprir sua finalidade, a Bíblia utiliza a linguagem corrente num determinado contexto cultural, dela se servindo para transmitir um ensinamento de ordem religiosa, moral e salvífica. Seria, assim, um contrassenso querer decidir um debate científico à base da Escritura. Além de fora de propósito, tal procedimento seria um desrespeito para com o texto sagrado, pois se serviria dele para fins aos quais não se destina.

Como esse texto nem sempre tem sentido claro – seria também um contrassenso e desrespeito querer tomar o texto bíblico sempre literalmente –, uma vez estabelecida a verdade científica (comprovada pela experiência, observação ou demonstração), esta servirá de guia para a interpretação da Bíblia.

Ao examinar o estatuto científico do sistema de Copérnico, Galileu manifesta um grande otimismo. Está disposto a conceder tudo aos adversários até que este seja provado indubitavelmente. Ele pensa que, valendo-se de fenômenos como as fases de Vênus, a variação aparente de Marte, o deslocamento mensal das manchas solares e a retrogradação dos planetas, podem ser construídos "argumentos firmíssimos do sistema copernicano" **328** (*Carta a Cristina de Lorena*). É que Galileu recusa a interpretação puramente instrumental e convencionalista dos sistemas, como já mencionamos a propósito do primeiro texto intitulado *Considerações sobre a opinião copernicana*. Mas, neste ponto, Galileu rompia com toda a tradição astronômica e não podia deixar de entrar em choque com a interpretação aceita dos textos bíblicos sobre a estabilidade da Terra e a mobilidade do Sol. Na realidade, parece haver aqui choque entre duas epistemologias. De um lado, a interpretação tradicional (cf. Carta de Belarmino a Foscarini) e, de outro, a de Galileu, que retomaria a demonstração de quê (*demonstratio quia*) da escolástica, conhecida deste por intermédio do ensino dos Jesuítas no Colégio Romano. Marcel Clavelin descreve com clareza este esquema de demonstração, que, em vez de se contentar com convenções úteis para o cálculo, permitiria chegar à certeza demonstrativa: "começa-se raciocinando *ex suppositione*, ou seja, postulando o princípio ou os princípios capazes de dar conta dos efeitos; será então a colocação em evidência de uma conexão necessária entre os princípios (ou causas) e os efeitos (e aqui a experiência desempenhará seu papel) que permitirá transformar as suposições iniciais em verdades" (Clavelin, M. 1986, p.41). O sistema de Copérnico foi censurado por uma comissão de teólogos do Santo Ofício em 24.2.1616 e o decreto de suspensão da obra de Copérnico – *As revoluções dos orbes celestes* – foi publicado pela Congregação do Índice a 05.3.1616, conforme já mencionamos. Galileu não foi diretamente envolvido neste processo (ao contrário do de 1633 que visará diretamente o seu *Diálogo sobre os dois máximos sistemas do mundo*) e recebeu do próprio Cardeal Belarmino um atestado de que não abjurou nada e de que não lhe foi imposta penitência; somente lhe foi comunicado o decreto da Congregação do Índice.

Em suma, a postura de Galileu nesta questão, se bem que rejeitada pela Igreja no século XVII e ressalvando seu excessivo realismo epistemológico, bem como um certo viés concordista nítido em vários momentos, era perfeitamente razoável e ortodoxa. Tanto assim que veio a ser aceita por Leão XIII na encíclica *Providentissimus* (1893) que trata justamente da interpretação da Bíblia.

A presente tradução foi feita a partir dos textos originais publicados por Antônio Favaro em *Le Opere di Galileo Galilei* [As obras de Galileu Galilei] Edizione Nazionale, 2.ed., Florença, G. Barbera, 1932. As cartas de Galileu e as *Considerações sobre a opinião copernicana* (título este dado por Favaro) estão contidas no volume V das *Opere* [Obras], a carta do Cardeal Belarmino no volume XII e o decreto da Congregação do Índice no volume XIX. Os números à margem do texto indicam o início das páginas correspondentes na Edizione Nazionale.

A tradução de todos os textos é de minha autoria. A tradução da *Carta a Cristina de Lorena* foi também anteriormente publicada, com breve introdução, nos *Cadernos de Histórias e Filosofia da Ciência*, da UNICAMP, 5, 1983, p.91-123.

Foram consultadas as seguintes traduções:

CHAVES, F. L. Carta ao Pe. Benedetto Castelli. In: *Estudos sobre Galileu Galilei*. Porto Alegre: Faculdade de Filosofia UFRGS, 1964, p.109-16.

CLAVELIN, M. Galilée et le refus de l'équivalence des hypothèses. In: *Galilée, Aspects de sa vie et de son oeuvre*. Paris. PUF, 1968, p.127-51.

DRAKE, S. Letter to the Grand Duchess Cristina, 1615. In: *Discoveries and Opinions of Galileo*. Nova York: Doubleday Anchor Books, 1957, p.173-216.

ELENA, A. Consideraciones sobre la opinión copernicana. In: *Nicolas Copernico, Thomas Digges, Galileo Galilei: opúsculos sobre el movimiento de la Tierra*. Madri: Alianza Editorial, 1983, p.73-87.

GONZÁLES, M. *Carta a Cristina de Lorena y otros textos sobre ciência y religión*. Madrid: Alianza Editorial, 1987.

RUSSO, F. Lettre de Galilée à Christine de Loraine, Grande–Duchesse de Toscane, 1615. In: *Galilée, aspects de sa vie et de son oeuvre*. Paris: PUF, 1968, p.324-59.

O conteúdo das notas provém, na sua maior parte, das informações fornecidas pelas notas que acompanham estas traduções.

Eis algumas referências, sem absolutamente nenhuma pretensão de ser completo, a partir das quais se poderá aprofundar a análise dos textos aqui traduzidos.

CLAVELIN, M. A revolução galileana: revolução metodológica ou teórica? *Cadernos de História e Filosofia da Ciência*, 1986, v.9, p.35-44.

DUBARLE, A. M. Les principes exégétiques et théologiques de Galilée concernant la science de la nature. *Revue des Sciences Philosophiques et Théologiques*, 5, 1966, p.69-87.

DUHEM, P. Salvar os fenômenos. *Cadernos de História e Filosofia da Ciência* (Suplemento), v.3, 1984.

LOPARIC, Z. Andreas Osiander: Prefácio ao "De Revolutionibus Orbium Coelestium", de Copérnico. *Cadernos de História e Filosofia da Ciência*, v.1, 1980, p.44-61.

MARICONDA, P. R. Galileu Galilei, diálogo sobre os dois máximos sistemas do mundo ptolomaico e copernicano. São Paulo: Discurso Editorial, 2001.

MOSS, J. D. Galileo's letter to Christina: some rhetorical considerations. *Renaissance Quarterly*, 1983, v.36, p.547-76.

NASCIMENTO, C. A. R. do. Sobre uma frase de Galileu. *Cadernos de História e Filosofia da Ciência*, v.9, 1986, p.53-9.

________. A carta de Galileu à Grã-duquesa Cristina de Lorena. *Discurso*, v.31, 2000, p.323-28 (reproduzido às p.137-42).

________. Dando volta aos problemas, Segunda revisitação de "Três tradições explicativas na lei da queda dos corpos". In: *A cidade dos homens e a cidade de Deus*. Porto Alegre: EST. Edições, 2007, p.284-91.

VACANDARD, E. Verbete Galilée. In: *Dictionnaire de Théologie Catholique*. Paris: Letouzey, 1915, t.VI, première partie, col. 1058-1094.

VIGANÒ, M. Fede e Scienza in Galileo. *La Civiltà Cattolica*, Anno 116, 2.1.1965, Quaderno 2749, v.I, n.1, p.36-44; 6.2.1965, Quaderno 2751, v.I, n.3, p.228-39; 3.4.1965, Quaderno 2755, v.II, n.7, p.35-47; 5.6.1965, Quaderno 2759, v.II, n.11, p.447-55.

WALLACE, W. A. Resenha do livro de FINOCHIARO, *Galileo and the Art of Reasoning: Rethorical Foundations of Logic and Scientific Method. Journal of the History of Philosophy*, v.20, 1982, p.307-9.

Carlos Arthur R. do Nascimento

281

Carta a Dom Benedetto Castelli[1]

Mui reverendo Padre e meu respeitadíssimo Senhor.

Ontem foi me encontrar o Sr. Niccolò Arrighetti,[2] o qual me deu notícia de vossa paternidade; com o que tive infinito prazer no ouvir aquilo de que não duvidava absolutamente; isto é, da tão grande satisfação que V. P. dava a toda esta universidade; tanto aos superintendentes desta quanto aos próprios professores e aos alunos de todas as nações. O qual aplauso não tinha aumentado, contra o Sr., o número dos competidores, como costuma acontecer entre os que têm atividade semelhante, mas o tinha reduzido mais rapidamente a pouquíssimos; estes poucos deverão também eles aquietar-se se não quiserem

1 O beneditino Benedetto Castelli (1578-1643) foi discípulo, colaborador de Galileu e professor de matemática na universidade de Pisa, mencionada nas primeiras linhas desta carta.

2 Nicolò Arrighetti (1586-1639), natural de Florença, foi encarregado por Castelli de contar a Galileu os pormenores da discussão sobre o sistema copernicano havida na corte da Toscana e que é mencionada na introdução desta carta.

que tal competição, que costuma também merecer às vezes o título de virtude, degenere e mude de nome em afeto criticável; afinal mais danoso àqueles que com ele se revestem do que a nenhum outro. Mas o selo de todo o meu gosto foi ouvi-lo contar os arrazoados que V. P. teve ocasião, mercê da suma benignidade de suas Altezas sereníssimas, de desenvolver na sua mesa e depois de continuar na sala da Sereníssima Senhora,[3] presentes também o Grão-duque, a Sereníssima Arquiduquesa, os Ilustríssimos e Excelentíssimos Senhores D. Antônio e D. Paulo Giordano e alguns desses mui excelentes filósofos. Que maior favor pode V. P. desejar do que ver Suas Altezas mesmas ter satisfação em discorrer consigo, em apresentar dúvidas, ouvir as soluções e finalmente em ficar satisfeitas com as respostas de Vossa Paternidade?

282 Os pormenores que V. P. disse, referidos pelo Sr. Arrighetti, me deram ocasião de voltar a considerar em geral algumas coisas a respeito de trazer a Sagrada Escritura em discussões de conclusões naturais; e algumas outras em particular sobre a passagem de Josué, proposta-lhe pela Grã-duquesa mãe, como contradição à mobilidade da Terra e estabilidade do Sol, com alguma réplica da Sereníssima Arquiduquesa.

Quanto à primeira pergunta genérica da Sereníssima Senhora, parece-me que fosse proposto com muitíssima prudência por esta e concedido e estabelecido por V. P. que a Sagrada Escritura não pode nunca mentir ou errar, mas serem os seus decretos de absoluta e inviolável verdade. Só teria acrescentado que, se bem a Escritura não pode errar, não menos poderia às

---

3 Trata-se de Cristina de Lorena, mãe do Grão-duque da Toscana, Cósimo II, a quem será dirigida a carta traduzida mais adiante.

vezes errar algum dos seus intérpretes e expositores, de vários modos. Entre estes, um seria muitíssimo grave e frequente; quando quisesse deter-se sempre no puro significado das palavras; porque, assim, apareceriam aí não apenas diversas contradições, mas graves heresias e mesmo blasfêmias. Posto que seria necessário dar a Deus pés, mãos e olhos e não menos afecções corporais e humanas como de ira, de arrependimento, de ódio e mesmo, às vezes, de esquecimento das coisas passadas e de ignorância das futuras. Donde, assim como na Escritura encontram-se muitas proposições, as quais, quanto ao sentido nu das palavras, têm aparência diversa do verdadeiro, mas foram apresentadas deste modo para acomodar-se à incapacidade do vulgo, assim, para aqueles poucos que merecem ser separados da plebe, é necessário que os sábios expositores mostrem os sentidos verdadeiros e acrescentem-lhes as razões particulares por que foram proferidos sob tais palavras.

Assentado, portanto, que a Escritura, em muitas passagens, não apenas admite, mas necessita necessariamente de exposições diferentes do significado aparente das palavras, parece-me que, nas discussões naturais, deveria ser deixada no último lugar. Porque, procedendo igualmente do Verbo divino, a Sagrada Escritura e a Natureza, aquela, como ditado do Espírito Santo e esta como executora muitíssimo cuidadosa **283** das ordens de Deus; sendo ademais conveniente nas Escrituras, para acomodar-se ao entendimento geral, dizer muitas coisas diferentes, da verdade absoluta, na aparência e quanto ao significado das palavras; mas, ao contrário, sendo a Natureza inexorável e imutável e não se preocupando em nada se suas razões recônditas e modos de operar estejam ou não estejam ao alcance da capacidade dos homens, pelo que ela não transgride nunca os limites das leis a ela impostas; parece que, aquilo dos efeitos naturais que, ou a experiência sensível nos põe diante dos olhos ou as demonstrações necessárias concluem, não deva, por conta de nada, ser colocado em dúvida por passagens da Escritura que tivessem aparência distinta nas palavras, posto que nem todo dito da Escritura está atado a obrigações tão severas como todo efeito de Natureza. Pelo contrário, se apenas pelo que diz respeito ao acomodar-se à capacidade de povos rudes e incultos, a Escritura não se absteve do obscurecimento de seus principais dogmas, atribuindo até ao próprio Deus condições muitíssimo longínquas e contrárias à sua essência, quem quererá sustentar com segurança que ela, deixando de lado esta postura, ao falar, ainda que incidentalmente da Terra, do Sol ou de outra criatura, tenha escolhido conter-se com todo rigor dentro dos limitados e restritos significados das palavras? Sobretudo dizendo dessas criaturas coisas muitíssimo distantes da finalidade primeira dessas Sagradas Letras, até mesmo coisas tais que, ditas e transmitidas com verdade nua e desvelada, teriam antes prejudicado mais rápido a intenção primeira, tornando o vulgo mais renitente às persuasões dos artigos concernentes à salvação.

Assentado isto e sendo ademais manifesto que duas verdades não podem nunca contradizer-se, é ofício dos sábios expositores afadigar-se para encontrar os sentidos verdadeiros das passagens sagradas concordantes com aquelas conclusões naturais, das quais, primeiro o sentido manifesto ou as demonstrações necessárias nos tiver tornado certos e seguros. Até mesmo sendo, como disse, que as Escrituras, se bem que ditadas pelo Espírito Santo, pelas razões aduzidas, admitam em muitas passagens exposições afastadas do som literal e, ademais, não podendo nós asserirmos com certeza que todos os intérpretes falem divinamente inspirados, acreditaria que seria **284** agir prudentemente se não se permitisse a ninguém comprometer as passagens da Escritura e obrigá-las de certo modo a dever sustentar como verdadeiras algumas conclusões naturais, das quais, por sua vez, o sentido e as razões demonstrativas e necessárias nos pudessem manifestar o contrário. Quem deseja pôr limite aos engenhos humanos? Quem desejará asserir que já está sabido tudo o que há no mundo de cognoscível? Por isso, além dos artigos concernentes à Salvação e ao estabelecimento da Fé, contra a firmeza dos quais não há perigo nenhum de que possa jamais insurgir doutrina válida e eficaz, seria talvez ótimo conselho não se lhes acrescentar outros sem necessidade. Se assim é, quanto maior desordem seria o acrescentar-se-lhes a rogo de pessoas, as quais, além de que ignoramos se falam inspiradas por virtude celeste, vemos claramente que elas estão despidas de todo daquela inteligência que seria necessária, não direi para redarguir, mas para compreender as demonstrações com as quais as agudíssimas ciências procedem ao confirmar algumas de suas conclusões?

Eu acreditaria que a autoridade das Sagradas Letras tivesse tido em mira apenas persuadir os homens daqueles artigos e proposições, que, sendo necessários para a salvação deles e superando todo discurso humano, não podiam tornar-se críveis nem por outra ciência nem por outro meio, senão pela boca do próprio Espírito Santo. Mas, que aquele mesmo Deus que nos dotou de sentidos, de discurso e de intelecto, tenha querido, preterindo o uso destes, nos dar por outro meio as informações que podemos conseguir por aqueles, não penso que seja necessário crê-lo; sobretudo naquelas ciências das quais uma partícula mínima e em conclusões dispersas se lê na Escritura. Como se dá precisamente com a astronomia, da qual há aí tão pequena parte que não se encontram nem mesmo mencionados os planetas. Mas, se os primeiros escritores sagrados tivessem tido pensamento de persuadir o povo das **285** disposições e movimentos dos corpos celestes, não teriam tratado tão pouco destes, que é como nada em comparação com as infinitas conclusões profundíssimas e admiráveis, que estão contidas em tal ciência.

Veja, pois, V. P., se não erro, quão desordenadamente procedem aqueles que, nas discussões naturais e que não são diretamente *de Fé*, colocam na frente de tudo passagens da Escritura, bem frequentemente entendidas mal por eles. Mas, se estes tais acreditam verdadeiramente ter o sentido verdadeiro de tal passagem particular da Escritura, e em consequência se consideram seguros de ter em mão a verdade absoluta da questão que pretendem discutir, diga-me então sinceramente: se eles julgam que tem grande vantagem aquele, que em uma discussão natural, se encontra sustentando o verdadeiro; vantagem, digo, sobre o outro a quem toca sustentar o falso? Sei que me responderão que sim; que aquele que sustenta a parte verdadeira poderá ter mil experiências e mil demonstrações necessárias por sua parte e que o outro não pode ter senão sofismas, paralogismos e falácias. Mas se eles, contendo-se dentro dos limites naturais, não apresentando outras armas senão as filosóficas, sabem que são tão superiores ao adversário por que, depois ao vir ao embate, pôr subitamente a mão em uma arma inevitável e tremenda, que, com a só vista, aterroriza todo campeão mais hábil e experimentado? Mas, se eu devo dizer a verdade, acredito que estes sejam os primeiros aterrorizados; que sentindo-se incapazes de poder permanecer valorosos contra os ataques do adversário, tentem encontrar um modo de não deixá-lo acercar-se. Mas, porque, como disse há pouco, aquele que tem a parte verdadeira do seu lado tem grande vantagem, até mesmo grandíssima sobre o adversário e porque é impossível que duas verdades se contradigam, por isso, não devemos temer assaltos que venham a ser feitos por quem quer que o queira, contanto que a nós seja dado ensejo de falar e de ser escutados por pessoas entendedoras e não exageradamente alteradas pelas próprias paixões e interesses.

Em confirmação do que, vou agora considerar a passagem particular de Josué para a qual V. P. trouxe a suas Altezas Sereníssimas três explicações; tomo a terceira, que apresentou como minha, como verdadeiramente o é, mas acrescento-lhe uma consideração a mais, que não acredito ter dito de outra vez.

286 Admitido,[4] portanto, e concedido por ora ao adversário que as palavras do texto sagrado tenham de ser tomadas precisamente no sentido em que soam, isto é, que Deus, a pedido de Josué, fizesse parar o Sol e prolongasse o dia, pelo que esse conseguiu a vitória; requerendo eu ainda que a mesma determinação valha para mim, de tal modo que o adversário não presumisse de amarrar-me e deixar-se livre quanto a poder alterar ou mudar os significados das palavras; digo que esta passagem nos mostra manifestamente a falsidade e a impossibilidade do sistema do mundo aristotélico e ptolomaico e, ao contrário, se acomoda muitíssimo bem com o copernicano.

---

4 A partir deste parágrafo até o final da carta, Galileu dedica-se a uma operação de concordismo entre o sistema copernicano e o texto bíblico, a que já tínhamos aludido na introdução. Encontram-se trechos do mesmo teor nas cartas seguintes.

Primeiro, eu pergunto ao adversário se ele sabe por quais movimentos o Sol se move. Se ele o sabe, forçoso é que ele responda que este se move por dois movimentos, isto é, pelo movimento anual do poente para o levante e pelo diurno, ao oposto do levante ao poente.

Donde, em segundo lugar, lhe pergunto se estes dois movimentos, tão diversos e como que contrários entre si, competem ao Sol e são próprios dele igualmente. É forçoso responder que não. Mas só um é próprio e particular dele, isto é, o anual; por outro lado, o outro não é seu, mas do mais alto céu, digo, do primeiro móvel, o qual arrasta consigo o Sol e os outros planetas e também a esfera estrelada, obrigando-os a fazer uma rotação em torno da Terra em 24 horas, com movimento, como disse, como que contrário ao natural e próprio deles.

Venho à terceira interrogação: pergunto-lhe com qual destes dois movimentos o Sol produz o dia e a noite, isto é, se com o seu próprio ou então com aquele do primeiro móvel. É forçoso responder: o dia e a noite são efeitos do movimento do primeiro móvel; do movimento próprio do Sol dependem, não o dia e a noite, mas as diversas estações e o próprio ano.

Ora, se o dia depende, não do movimento do Sol, mas daquele do primeiro móvel, quem não vê que, para alongar o dia, é preciso parar o primeiro móvel e não o Sol? Mais ainda, haverá alguém que entenda estes primeiros elementos de astronomia e não saiba que, se Deus tivesse parado o movimento do Sol, em vez de alongar o dia o teria encurtado e feito mais breve?
287 Porque, sendo o movimento do Sol ao contrário da rotação diurna, quanto mais o Sol se movesse para o oriente, tanto mais se o veria retardar seu curso para o ocidente; diminuindo-se ou anulando-se o movimento do Sol, em tão mais breve tempo

chegaria ao ocaso. O qual acidente se vê sensivelmente na Lua, a qual faz suas rotações diurnas tão mais lentas que as do Sol, quanto seu movimento próprio é mais veloz do que o do Sol. Sendo, portanto, absolutamente impossível, na constituição de Ptolomeu e de Aristóteles, parar o movimento do Sol e alongar o dia, assim como afirma a Escritura ter acontecido; então, ou é preciso que os movimentos não sejam ordenados como quer Ptolomeu, ou é preciso alterar o sentido das palavras e dizer que, quando a Escritura diz que Deus parou o Sol, queria dizer que parou o primeiro móvel, mas que, para acomodar-se à capacidade daqueles que, com dificuldade, são aptos a entender o nascer e o pôr do Sol, ela dissesse o contrário do que teria dito, falando a homens sábios.

Acrescente-se a isto que não é crível que Deus parasse apenas o Sol, deixando andar as outras esferas; porque sem necessidade nenhuma teria alterado e trocado toda a ordem, as aparências e as disposições dos outros astros com respeito ao Sol e perturbado grandemente todo o curso da Natureza. Mas, é crível que ele parasse todo o sistema das esferas celestes, as quais, depois daquele tempo do repouso interposto, retornariam concordemente às suas operações sem confusão ou alteração alguma.

Mas, porque já conviemos que não se deve alterar o sentido das palavras do texto, é necessário recorrer a outra constituição das partes do universo e ver, se de acordo com esta, o entendimento nu das palavras caminha corretamente sem obstáculo, assim como se percebe verdadeiramente que acontece.

288 Tendo eu, portanto, descoberto e demonstrado necessariamente que o globo do Sol gira sobre si mesmo, fazendo uma rotação completa em cerca de um mês lunar precisamente naquele rumo em que se fazem todas as outras rotações celestes; sendo, ademais, muito provável e razoável que o Sol, como instrumento e ministro máximo da Natureza, como que coração do mundo, dê não apenas, como ele claramente dá, luz, mas também movimento a todos os planetas, que giram em torno dele. Se, conforme a posição de Copérnico nós atribuirmos à Terra principalmente a rotação diurna, quem não vê que, para parar todo o sistema e daí, sem alterar absolutamente o restante das recíprocas relações dos planetas, apenas se prolongasse o espaço e o tempo da iluminação diurna, bastou que fosse parado o Sol, como soam exatamente as palavras do texto sagrado? Eis, portanto, o modo de acordo com o qual, sem introduzir confusão nenhuma entre as partes do mundo e sem alteração das palavras da Escritura, pode-se, com o parar o Sol, alongar o dia na Terra.

Escrevi bastante mais do que suportam as minhas indisposições. Mas termino com oferecer-me seu servidor e beijo-lhe as mãos, rogando de N. S. para si, boas festas e toda felicidade.

De Florença, aos 21 de dezembro de 1613.

De Vossa Paternidade mui Reverenda
Servidor muitíssimo afeiçoado
Galileu Galilei

291

Carta a Monsenhor Piero Dini[5]

Mui Ilustre e Reverendíssimo Senhor meu Respeitabilíssimo,

Porque sei que Vossa Senhoria mui ilustre e Reverendíssima foi prontamente informada das repetidas invectivas que, faz algumas semanas, foram feitas do púlpito contra a doutrina de Copérnico e seus seguidores e ademais contra os matemáticos e a própria matemática,[6] por isso não lhe repetirei nada a respeito

---

5 Monsenhor Piero Dini era grande amigo de Galileu e, na época das cartas aqui traduzidas, ocupou o cargo de relator apostólico em Roma.

6 Galileu refere-se ao frade dominicano Tommaso Caccini que no 4º domingo do advento, em 20.12.1614, comentando o texto de *Josué* 10, 12-13 na igreja de Santa Maria Novella em Florença, dirigiu-se a Galileu e seus seguidores com um versículo dos *Atos dos Apóstolos* (1, 11) – "Viri Galilei, quid statis adspicientes in coelum?" – que quer dizer "Homens da Galileia, por que estais aí a olhar para o céu?", mas que passava a soar – "Homens de Galileu, por que estais aí a olhar para o céu?" e dava azo a uma acerba crítica. Note-se que "matemáticos" e "matemática" designam aqui astrônomos e a astronomia, pois eram considerados disciplinas matemáticas, não só a aritmética e a geometria, mas também a música e a astronomia que compunham o chamado quadrívio.

destes particulares que soube por outros. Mas, bem que desejo que o Sr. saiba como não se aquietaram as incendidas iras daqueles, embora nem eu nem outros tenhamos feito um mínimo movimento ou mostrado ressentimento acerca dos insultos com que fomos, não com muita caridade, agravados. Pelo contrário, tendo voltado de Pisa, o mesmo padre que se tinha feito ouvir naquele ano em conversas particulares deixou pesar de novo a mão sobre mim. Tendo-lhe chegado, não sei de onde, cópia de uma carta[7] que escrevi o ano passado ao Padre Matemático de Pisa a respeito de citar as autoridades sagradas em discussões sobre a Natureza e na explicação da passagem de Josué, vão bradando a respeito e encontrando nela, pelo que dizem, muitas heresias e, em suma, abriram um novo campo para me dilacerar. Mas, começo a suspeitar que quem a transcreveu talvez possa ter mudado inadvertidamente algumas palavras, posto que não me foi feito nem sequer o mínimo aceno de dificuldade por qualquer outro que tenha visto a referida carta. Esta mudança, unida com **292** um pouco de inclinação para as críticas, pode fazer as coisas aparecerem muito diferentes da minha intenção.[8] E porque alguns destes padres, em particular este mesmo que falou, vieram aqui para fazer, como julgo, alguma outra tentativa com sua cópia da minha citada carta, pareceu-me não ser fora de propósito enviar a Vossa Senhoria Reverendíssima uma cópia desta exatamente da maneira como a escrevi. Peço-lhe que me conceda o favor de lê-la junto com o Pe. Gruenberger,[9] jesuíta, matemático insigne e

---

7 É a carta a Dom Benedetto Castelli.

8 O frade dominicano Niccolò Lorini fez chegar ao Santo Ofício no dia 07.02.1615 uma cópia alterada da carta de Galileu a Castelli.

9 Padre Cristóvão Gruenberger (1542-1621), discípulo do Padre Clávio e seu sucessor na cátedra de matemática do Colégio Romano mantido pelos jesuítas em Roma.

meu grandíssimo amigo e patrono. Até mesmo deixá-la com ele, se acaso parecer oportuno a Sua Reverência fazê-la chegar, dada alguma ocasião, às mãos do Ilustríssimo Cardeal Belarmino,[10] no qual estes Padres Dominicanos deixaram entender que querem apoiar-se com a esperança de, pelo menos, fazer condenar o livro de Copérnico, sua opinião e doutrina.

A carta foi por mim escrita "ao correr da pena". Mas estas últimas agitações e os motivos que estes padres aduzem para mostrar os deméritos desta doutrina – donde merecer ela ser supressa – me fizeram ver algo a mais escrito em semelhantes matérias. Verdadeiramente, não só reconheço que tudo o que eu escrevi foi mencionado por eles, mas muito mais ainda. Mostrando com quanta circunspecção é necessário proceder no que se refere às conclusões sobre a Natureza que não são "de Fé", às quais podem chegar as experiências e as demonstrações necessárias e quão pernicioso seria afirmar como doutrina definida nas Sagradas Escrituras alguma proposição da qual se pudesse ter alguma vez demonstração em contrário. Sobre estes tópicos elaborei um escrito muito longo, mas ainda não o passei a limpo de modo que possa dele mandar cópia a Vossa Senhoria, o que farei o quanto antes.[11] Neste, o que quer que seja da eficácia de minhas razões e discursos, disto estou bem seguro de que aí se encontrará muito mais zelo para com a Santa Igreja e a dignidade das Sagradas Letras do que nestes meus perseguidores. Posto que eles procuram proibir um livro aceito tantos anos pela Santa Igreja sem o terem eles não só jamais

10 Roberto Belarmino (1542-1621), Jesuíta, posteriormente canonizado e declarado doutor da Igreja. Desempenhou papel central em todas as etapas do processo de 1616.

11 Galileu refere-se à Carta a Cristina de Lorena, traduzida mais adiante.

visto como também nem lido ou entendido. Eu não faço outra coisa senão clamar que se examine a sua doutrina e se ponderem suas razões por pessoas muitíssimo católicas e entendidas, que se confrontem suas posições com as experiências sensíveis **293** e que, em suma, não seja condenado se, primeiro, não for julgado falso, se é verdade que uma proposição não pode ser simultaneamente verdadeira e errada. Não faltam na cristandade homens muitíssimo entendidos na profissão cujo parecer a respeito da verdade ou falsidade da doutrina não deverá ser proposto ao arbítrio de quem não está nada informado e que se sabe por demais claramente que está alterado por algum sentimento sectário, assim como o sabem muitíssimo bem muitos que de fato se encontram aqui e veem o curso das coisas e estão, ao menos em parte, informados das tramas e das combinações.

Nicolau Copérnico foi homem não só católico, mas religioso e cônego; foi chamado a Roma sob Leão X quando se tratava no Concílio de Latrão da reforma do calendário eclesiástico, recorrendo-se a ele como a um grandíssimo astrônomo. A reforma, no entanto, ficou sem ser decidida só por que a duração dos anos e dos meses dos movimentos do Sol e da Lua não estavam suficientemente determinados. Donde ele, por ordem do Bispo de Fossombrone,[12] que então estava encarregado deste

---

12 Paolo de Middelburg (1455-1534). Galileu comete alguns equívocos históricos a respeito de Copérnico: 1) este não era membro de nenhuma ordem religiosa e não parece que tenha sido ordenado padre; 2) não esteve em Roma para trabalhar na reforma do calendário; 3) suas tábuas não estiveram na base desta reforma; 4) não escreveu o *De revolutionibus* por ordem do papa Leão X. Cf. E. Rosen, Galileo's Misstatements about Copernicus. *Isis*, 49, 1958, p.319-30 ou Affermazioni erronee di Galileo a propósito di Copérnico. In: A. Carugo (org.), *Galileo*. Milão: ISEDI, 1978, p.103-127.

problema, se entregou com novas observações e acuradíssimos estudos à investigação de tais períodos. Conseguiu, em suma, tal conhecimento, que não só ordenou todos os movimentos dos corpos celestes, como também conquistou o título de sumo astrônomo, cuja doutrina foi depois seguida por todos e em conformidade com ela foi ultimamente ajustado o calendário. Resumiu seus trabalhos acerca do curso e constituição dos corpos celestes em seis livros, os quais deu a lume a pedido de Nicolau Schoenberg, Cardeal de Cápua, dedicando-os ao Papa Paulo II, e daquele tempo até agora foram vistos publicamente sem nenhum problema. Agora, estes bons frades, só por um sentimento hostil contra mim, sabendo que eu estimo este autor, se gabam de dar-lhe o prêmio de seus trabalhos, fazendo com que seja declarado herético.

Mas, o que é mais digno de consideração, sua primeira manobra contra esta opinião foi deixarem-se dominar por alguns malquerentes meus que a pintaram como obra própria minha, sem dizer-lhes que ela já estava publicada há 70 anos. Este mesmo estilo vão utilizando com outras pessoas nas quais procuram incutir um conceito hostil de mim. Isto vai sucedendo de tal maneira que, tendo, faz poucos dias, chegado aqui, Monsenhor Gherardini, Bispo de Fiesole, nas primeiras visitas para todo o povo, em que se encontravam alguns amigos meus, prorrompe com grandíssima veemência contra mim, mostrando-se gravemente alterado e dizendo que se tratava de fazer grande repreensão com Suas Altezas Sereníssimas, já que esta minha extravagante e errada opinião dava bastante o que falar em Roma. Talvez, a esta hora, deverá ter feito o que deve, se é que já não o considerou ser fato condignamente conhecido que o autor desta doutrina não é de modo nenhum um florentino vivo, mas um alemão morto que a imprimiu já há 70 anos, dedicando o livro ao Sumo Pontífice.

Vou escrevendo e não me dou conta de que falo a pessoa informadíssima destas questões, talvez tanto mais do que eu, quanto se encontra no lugar onde se fazem os maiores estrépitos. Perdoe-me a prolixidade. Se não divisa nenhuma equidade na minha causa, conceda-me o seu favor e viver-lhe-ei perpetuamente agradecido. Com o que lhe beijo reverentemente as mãos e me recordo-lhe servidor muitíssimo dedicado e ao Senhor Deus peço que o cumule de felicidade.

De Florença, aos 16 de fevereiro de 1615.

De Vossa Senhoria mui Ilustre e Reverendíssima
Servidor muitíssimo agradecido
Galileu Galilei

Pós-escrito. Ainda que eu dificilmente possa crer que se fosse favorável a precipitar a tomada da decisão de anular este autor, no entanto, sabendo por outras provas qual seja a força de minha desgraça quando está unida com a maldade e a ignorância de meus adversários, parece-me que tenho motivo de não estar de todo seguro a respeito da suma prudência e santidade daqueles de quem há de depender a resolução final. De tal modo que aquela não possa ainda ser em parte seduzida por esta fraude que se apresenta sob manto do zelo e da **295** caridade. Mas, para não faltar, o quanto possa, a mim mesmo e àquilo que Vossa Senhoria Reverendíssima verá em breve, no meu escrito, que é verdadeiro e puríssimo zelo, desejando que ao menos este possa ser primeiro visto e depois tome-se a resolução que praza a Deus (que eu, quanto a mim, estou tão bem edificado e disposto que, antes que desobedecer aos meus superiores quando não pudesse fazer outra coisa e que aquilo, que agora parece-me que creio e toco com a mão, viesse a ser prejudicial à alma, "arrancaria um olho meu para que não me escandalizasse").[13] Creio que o remédio mais adequado seja ganhar os Padres Jesuítas por serem os que sabem bastante mais que as letras comuns dos frades. Mas, poderá dar-lhes a cópia da carta e mesmo ler-lhes, se for de seu agrado, esta que lhe escrevo. Além disso, dada sua costumeira cortesia, dignar-se-á me pôr a par de quanto houver podido obter. Não sei se seria oportuno estar com o Sr. Lucas Valério[14] e dar-lhe uma cópia da citada carta, pois é gente da casa do Cardeal Aldobrandini[15] e poderia interceder junto a Sua Santidade. A este respeito e sobre qualquer outra coisa confio-me à sua bondade e prudência, recomendo-lhe minha reputação e, de novo, lhe beijo as mãos.

---

13 Referência ao dito evangélico de *Mateus* 18, 9 ou *Marcos* 9, 47.

14 Matemático, físico e literato nascido em 1552 e falecido em 1618. Na época desta carta, era professor de matemática da universidade de Roma, a "Sapienza". Era também membro da academia dos Linceus.

15 Piero Aldobrandini (1571-1621), sobrinho de Clemente VIII.

297

Carta a Monsenhor Piero Dini

Mui Ilustre e Reverendíssimo Senhor meu Respeitabilíssimo,

Responderei sucintamente à cortesíssima carta[16] de Vossa Senhoria mui Ilustre e Reverendíssima, o meu mau estado de saúde não me permitindo poder fazer de outro modo.

O primeiro pormenor que V. Sª me comunica é que o máximo que poderia ser decidido a respeito do livro de Copérnico seria colocar nele alguma anotação no sentido de que sua doutrina teria sido introduzida para salvar as aparências, do modo como outros introduziram os excêntricos e os epiciclos, sem crer, além disso, que estejam presentes na Natureza. Quanto a isto lhe digo – submetendo-me sempre a quem conhece mais

---

16 Galileu refere-se à carta que Monsenhor Dini lhe escreveu em 7.3.1615. Nesta, Dini comunica-lhe que tinha transmitido cópias da carta de Galileu a Castelli, entre outros, ao Padre Gruenberger, a Belarmino e a Lucas Valério; resume também a opinião de Belarmino, segundo a qual o *De revolutionibus* não deveria ser proibido, mas acrescido de alguma anotação explicando que sua doutrina visava simplesmente "salvar os fenômenos", nada afirmando sobre a organização real do mundo.

do que eu e só por zelo de que aquilo que está por se fazer seja feito com toda mor cautela – que, quanto a salvar as aparências, o mesmo Copérnico já tinha antes executado o trabalho e satisfeito ao que toca aos astrônomos segundo a maneira costumeira e aceita de Ptolomeu. Mas depois, vestindo-se com a roupa de filósofo e considerando se tal constituição das partes do universo podia subsistir realmente "na natureza das coisas" e vendo que não e parecendo-lhe, no entanto, que o problema da verdadeira constituição era digno do ser investigado, entregou-se à investigação desta constituição. Sabendo que, se uma disposição de partes fictícias e não verdadeira podia satisfazer as aparências, isto seria obtido muito mais com a disposição verdadeira e real e, simultaneamente, ter-se-ia obtido na filosofia um conhecimento tão excelente quanto é conhecer a verdadeira disposição das partes do mundo. Encontrando-se ele, graças às observações e aos estudos de muitos anos, muitíssimo informado de todos os acidentes particulares observados nos astros, sem cujo aprendizado muito diligente e sem cuja fixação bem ágil na mente é impossível chegar ao conhecimento da constituição do mundo, conseguiu, com repetidos estudos e longas fadigas, aquilo que o tornou depois digno de admiração de todos aqueles que o estudam com aplicação para que aproveitem de seus progressos. Deste modo, ao que creio, desejar convencer de que Copérnico não julgava verdadeira a mobilidade da Terra, não poderia encontrar assentimento senão talvez da parte de quem não o tenha lido, estando todos os seus seis livros cheios de doutrina dependente da mobilidade da Terra e que a explica e confirma. Se ele, na sua dedicatória, compreende muito bem e confessa que a posição da mobilidade da Terra era de molde a que, se o julgasse tolo pelo conjunto dos homens, com cujo juízo diz ele não se preocupar, muito mais tolo teria ele sido se quisesse fazer-se julgar tal por uma opinião introduzida por si, mas não crida inteira e verdadeiramente.

Ademais, quanto a dizer que os principais autores, que introduziram os excêntricos e os epiciclos, em seguida não os consideraram verdadeiros, isto eu jamais crerei. Tanto menos quanto é preciso admiti-los com necessidade absoluta em nossa época, no-los mostrando os próprios sentidos. Porque, não sendo o epiciclo algo outro que uma circunferência descrita pelo movimento de um astro que não abarca com esta revolução o globo terrestre, não vemos nós que quatro de tais circunferências são descritas por quatro astros[17] em torno de Júpiter? E não é mais claro que o Sol que Vênus descreve a sua circunferência em torno deste Sol sem abarcar a Terra e, por conseguinte, forma um epiciclo? O mesmo acontece também a Mercúrio. Ademais, sendo o excêntrico uma circunferência que, de fato, circunda a Terra, mas não a contém no seu centro, porém de um lado, não há que duvidar que o curso de Marte seja excêntrico à Terra, vendo-se este ora mais próximo e ora mais afastado, tanto que **299** ora o vemos pequeníssimo e em outra ocasião com superfície 60 vezes maior. Portanto, qualquer que seja sua revolução, ele circunda a Terra e está num momento oito vezes mais perto dela do que em outro. De todas estas coisas e de numerosas outras semelhantes, os últimos descobrimentos nos têm fornecido experiência sensível, de tal modo que, querer admitir a mobilidade da Terra apenas com a concessão e probabilidade

---

17 Tratam-se dos satélites de Júpiter, descobertos por Galileu em 1610 e denominados por ele "planetas mediceanos", em homenagem ao Grão-duque Cósimo II de Médice. Galileu revela aqui sua interpretação realista do sistema copernicano.

com que se aceitam os excêntricos e os epiciclos, é admiti-la como muitíssimo segura, muitíssimo verdadeira e irrefutável.

É bem verdade que entre os que negaram os excêntricos e os epiciclos encontro duas classes. Uma é daqueles que, sendo de todo despidos das observações dos movimentos dos astros e do que é preciso salvar, negam sem nenhum fundamento tudo aquilo que eles não compreendem. Mas estes são dignos de que deles não se tenha nenhuma consideração. Outros, muito mais razoáveis, não negarão os movimentos circulares descritos pelos corpos dos astros em torno de outros centros distintos do da Terra, coisa tão manifesta quanto, ao contrário, é claro que nenhum dos planetas faz sua revolução concêntrica a esta Terra. Negarão, apenas, que se encontre no corpo celeste uma estrutura de orbes sólidos divididos e separados entre si que, atritando-se e friccionando-se juntos, carregam os corpos dos planetas etc. Estes, crerei que discorrem muito bem. Mas isto não é remover os movimentos feitos pelos astros em círculos excêntricos à Terra ou em epiciclos que são as suposições verdadeiras e simples de Ptolomeu e dos grandes astrônomos. Trata-se apenas de repudiar os orbes sólidos materiais e distintos, introduzidos pelos fabricantes de artifícios teóricos para auxiliar a inteligência dos principiantes e os cômputos dos calculadores. Só esta parte é fictícia e não real, não faltando a Deus modo de fazer os astros caminharem pelos imensos espaços do céu, se bem que dentro de caminhos determinados e certos, mas não acorrentados e forçados.

Mas, quanto a Copérnico, a meu ver, ele não é passível de atenuação, uma vez que a mobilidade da Terra e a estabilidade do Sol são o principalíssimo ponto e fundamento geral de toda a sua doutrina. Por isso, ou é preciso condená-lo de todo ou deixá-lo tal como está, falando sempre à medida que comporta minha

300 capacidade. Mas, se a respeito de tal resolução lhes convier considerar, ponderar, examinar com muitíssima atenção o que ele escreve, eu me engenhei em mostrá-lo num escrito meu, na medida em que me foi concedido pelo Deus bendito, não tendo outra mira senão a dignidade da Santa Igreja e não visando a outro fim minhas débeis fadigas. Estou bem seguro de que este puríssimo e zelosíssimo sentimento aparecerá claramente neste escrito, ainda que, por outro lado, ele esteja cheio de erros e de coisas de pouca importância. Já o teria enviado a Vossa Senhoria Reverendíssima se às minhas tantas e tão graves indisposições não se tivesse acrescentado ultimamente um ataque de dores cólicas que me tem atormentado bastante. Mas o enviarei o quanto antes. Além disso, pelo mesmo zelo, vou reunindo todas as razões de Copérnico, reduzindo-as à clareza compreensível por muitos, onde eventualmente são bastante difíceis e, mais, acrescentando-lhes muitas e muitas outras considerações, fundadas sempre sobre observações celestes, sobre experiências sensíveis e sobre achados de efeitos naturais, para oferecê-las depois aos pés do Supremo Pastor e à infalível determinação da Santa Igreja, que delas faça o emprego que lhe parecer à sua suma prudência.

Quanto ao parecer do Mui Reverendo Padre Gruenberg, eu verdadeiramente o louvo e de boa vontade deixo o trabalho das interpretações àqueles que sabem infinitamente mais do que eu. Mas aquele breve escrito que mandei a Vossa Senhoria é, como vê, uma carta particular, escrita já faz mais de um ano ao meu amigo[18] para ser lida por ele só. Mas, tendo ele, embora

---

18 Galileu refere-se à carta a Castelli de 21.12.1613, traduzida anteriormente.

sem meu conhecimento, permitido fazerem-se cópias e ouvindo eu que ela tinha chegado às mãos daquele mesmo que do púlpito[19] me tinha tão cruelmente dilacerado e sabendo que ele a tinha trazido aqui, julguei acertado que lhe coubesse uma outra cópia, para podê-la encontrar em qualquer ocasião e, em particular, por ter aquele e outros teólogos partidários seus disseminado aqui a opinião de que minha referida carta estava cheia de heresias. Não é, pois, meu pensamento lançar mãos a uma empresa tão superior a minhas forças, se bem que não se deva também deixar de confiar que a Benignidade divina às vezes se digne inspirar algum raio da sua imensa sabedoria em intelectos humildes e notadamente quando, ao menos, estão adornados de sincero e santo zelo. Além do que, quando se tratar de harmonizar passagens sagradas com doutrinas novas e nada comuns sobre a Natureza, é necessário ter inteiro conhecimento de tais doutrinas, não se podendo harmonizar duas cordas conjuntamente, ouvindo apenas uma delas. Se eu **301** soubesse que poderia prometer alguma coisa da debilidade do meu engenho, me permitiria[20] ousar dizer que encontro entre algumas passagens das Sagradas Letras e desta constituição do mundo muitas harmonias que não me parece que sejam tão bem consonantes na filosofia comumente admitida. Ter-me Vossa Senhoria Reverendíssima acenado como a passagem do Salmo 18 é das consideradas mais opostas a esta opinião me fez refletir de novo sobre ela, reflexão esta que envio a Vossa Senhoria com tão menor relutância quanto Vossa Senhoria me

19 Cf. notas 6 e 8 *supra*.

20 Galileu vai se lançar novamente numa operação de concordismo. Cf. *supra*, nota 4.

diz que o Ilustríssimo e Reverendíssimo Cardeal Berlamino verá de boa vontade se tenho alguma outra de tais passagens. Por isso, tendo eu satisfeito ao simples aceno de Sua Senhoria Ilustríssima e Reverendíssima, uma vez que Sua Senhoria Ilustríssima tenha visto esta minha consideração, seja como for que ela se apresente, faça dela o tanto que sua suma prudência ordenar. Visto que eu intento somente reverenciar e admirar os conhecimentos tão sublimes e obedecer aos acenos dos meus superiores e submeter ao julgamento deles todo o meu esforço.

Por isso, seja como for que se apresente a verdade da suposição "da parte da Natureza", sem pretender que outros não possam atribuir sentidos muito mais congruentes às palavras do Profeta, antes julgando-me eu inferior a todos e, por isso, submetendo-me a todos os sábios, direi que parece que na Natureza encontra-se uma substância[21] sutilíssima, tenuíssima e velocíssima que, difundindo-se pelo universo, penetra por toda parte sem oposição, aquece, vivifica e torna fecundas todas as criaturas vivas. Parece que os próprios sentidos nos mostram que o corpo do Sol é o receptáculo principalíssimo deste espírito. Daí, expandindo-se pelo universo uma imensa luz acompanhada de tal espírito calorífico e que, penetrando em todos os corpos vegetais, os torna vivos e fecundos. Pode-se, assim, razoavelmente supor que este é algo além da luz, posto que penetra e se difunde por todas as substâncias corpóreas, embora densíssimas, por muitas das quais a luz não penetra deste modo. De maneira que, assim como vemos e sentimos

---

21 Galileu parece retomar aqui certas especulações da tradição neoplatônica. Cf. R. Mondolfo, *Figuras e ideias da filosofia da Renascença*. S. Paulo: Mestre Jou, 1967, p.129-30.

sair luz e calor do nosso fogo e que o calor passa por todos os corpos, embora opacos e solidíssimos, e a luz encontra oposição da solidez e da opacidade, assim também a emanação do Sol
302 é luminosa e calorífica, e a parte calorífica é a mais penetrante. Que, então, o corpo solar seja, como disse, um receptáculo e, por assim dizer, um armazenador deste espírito e desta luz, que recebe "de fora", antes que um princípio e fonte primária da qual derivem originariamente, parece-me que se tem evidente certeza disso nas Sagradas Escrituras. Nestas vemos, antes da criação do Sol, o espírito com sua força calorífica e fecunda "aquecendo as águas[22] ou chocando as águas" em vista das futuras gerações. Temos, igualmente, a criação da luz no primeiro dia, enquanto que o corpo solar é criado no quarto dia. Donde podemos afirmar muito verossimilmente que este espírito fecundante e esta luz difundida por todo o mundo confluem para unir-se e fortificar-se no corpo solar, por isso colocado no centro do universo: daí então, tornada mais esplêndida e vigorosa, difunde-se de novo.

Desta luz primigênia e não muito brilhante antes de sua união e confluência no corpo solar, temos testemunho do Profeta no Salmo 73, v.16: "Teu é o dia e tua é a noite; Tu fabricaste a aurora e o Sol". Esta passagem interpreta-se no sentido de Deus ter feito, antes do Sol, uma luz semelhante à da aurora. Além do mais, no texto hebraico, em lugar de "aurora" se lê "lume", para sugerir-nos a luz que foi criada muito antes do Sol, bem mais fraca que a mesma recebida, fortificada e de novo difundida pelo corpo solar. A esta sentença mostra que alude a opinião de alguns filósofos que creram que o brilho do

22 Cf. *Gênesis* 1, 2.

Sol era uma confluência no centro do mundo dos brilhos das estrelas que, estando-lhe à volta dispostas esfericamente, lançam seus raios, os quais, confluindo e entrecruzando-se neste centro, intensificam-se aí e redobram sua luz mil vezes. Daí ela, posteriormente fortalecida, se reflete e se espalha bastante mais vigorosa e, por assim dizer, cheia de másculo e vivo calor e se difunde para vivificar todos os corpos que giram em torno deste centro. De tal modo que, com certa semelhança, assim como no coração do animal se dá uma contínua regeneração de espíritos vitais que sustentam e vivificam todos os membros, enquanto, por outro lado, chega igualmente de outra parte ao coração o sustento e nutrição sem a qual ele pereceria, assim também no Sol, enquanto "de fora" acorre o seu sustento, conserva-se aquela fonte donde deriva continuamente e se difunde

303 este lume e calor prolífico que dá vida a todos os membros que estão situados em volta dele. Como poderia apresentar muitas atestações de filósofos e escritores de peso sobre a admirável força e energia deste espírito e lume do Sol difundido pelo universo, desejo que me seja suficiente uma só passagem de São Dionísio Areopagita[23] no livro sobre *Os nomes divinos* que é a seguinte: "A luz também reúne e faz convergir para ela to-

---

23 Um autor do final do século V apresentou seus escritos como se fossem de Dionísio, o Areopagita, convertido por São Paulo (*Atos*, 17, 34). Estes escritos, entre os quais *Os nomes divinos*, que Galileu cita em seguida (as passagens citadas são do cap. 4 § 4 e do cap. 5 § 8), gozaram de enorme prestígio e autoridade desde a Antiguidade até a Idade Média e a Renascença. Por não ser realmente o personagem referido nos *Atos dos apóstolos*, seu autor é hoje conhecido como Pseudo-Dionísio. Seu pensamento é marcado pelo neoplatonismo de Proclo. Há tradução brasileira de *Os nomes divinos* por Bento Silva Santos. São Paulo: Attar Ed., 2004.

das as coisas que se veem, que se movem, que brilham, que se aquecem e, numa palavra, todas as coisas que são sustentadas pelo seu esplendor. Por isso, o Sol é chamado Ílios, porque congrega e reúne todas as coisas dispersas". Um pouco mais adiante escreve sobre o mesmo Sol: "Se, com efeito, este Sol que nós vemos e que é uno e difunde a luminosidade de maneira uniforme, renova, alimenta, protege, conduz à perfeição, divide, reúne, aquece, torna fecundas, aumenta, muda, firma, produz, move e torna vivas todas as essências e qualidades do que cai sob os sentidos, embora sejam múltiplas e dissímiles e todas as coisas deste universo, segundo a sua capacidade, participam do único e mesmo Sol e as causas de múltiplas coisas, que dele participam, ele as tem antecipadas igualmente em si, certamente com maior razão etc.".

Ora, firmada esta posição filosófica, que é talvez uma das principais portas pelas quais se entra na contemplação da Natureza, eu creria, falando sempre com aquela humildade e reverência que devo à Santa Igreja e a todos os seus doutíssimos Padres, por mim reverenciados e respeitados e a cujo juízo submeto-me e a todo o meu pensamento, creria, digo, que a passagem do Salmo poderia ter este sentido, ou seja, que "Deus estabeleceu no Sol a sua tenda" como no lugar mais nobre de todo o mundo sensível. Onde se diz depois que "Ele, como o esposo que se levanta de seu leito conjugal, salta igual gigante para percorrer o caminho", eu entenderia que isto é falado a respeito do Sol brilhante, isto é, do lume e do já mencionado espírito calorífico e que fecunda todas as substâncias corporais, o qual, partindo do corpo solar, difunde-se velocissimamente por todo o mundo. Com este sentido, adaptam-se exatamente todas as palavras do Salmo. Primeiro, na palavra "esposo" temos a força fecundante e prolífica; o "saltar" nos indica aquela emanação desses raios solares feita, de certo modo, por saltos, como os sentidos nos mostram claramente; "qual gigante" ou então "qual forte" nos denota a atividade eficacíssima e força para penetrar por todos os corpos e simultaneamente a **304** suma velocidade para mover-se por imensos espaços, uma vez que a emanação da luz é como que instantânea. Confirma-se, pelas palavras "que se levanta de seu leito conjugal", que tal emanação e movimento devem referir-se ao lume solar e não ao próprio corpo do Sol, posto que o corpo e globo do Sol é receptáculo e "como que leito conjugal" desse lume, nem fica bem dizer que "o leito conjugal se levanta do leito conjugal". Naquilo que segue – "do extremo do céu a saída dele" – temos a primeira origem e saída deste espírito e lume das altíssimas partes do céu, isto é, das estrelas do firmamento ou mesmo dos lugares mais sublimes. "E seu percurso até seu extremo" – eis a reflexão e, por assim dizer, a reemanação do mesmo lume até o mesmo cimo do mundo. Segue: "Nem há quem se esconda de seu calor". Eis-nos indicado o calor vivificante e fecundante, distinto da luz e muito mais penetrante que esta em relação a todas as substâncias corporais, embora densíssimas, posto que muitas coisas nos defendem e cobrem da penetração da luz, mas desta outra força "não há quem se esconda de seu calor". Não devo também silenciar uma outra consideração minha que não é alheia a este propósito: Descobri[24] o afluxo contínuo de algumas matérias escuras sobre o corpo solar, onde elas se mostram aos sentidos sob o aspecto de manchas escuríssimas

24 Galileu se refere em seguida às manchas solares cuja observação ele publicou na *História e demonstrações acerca das manchas solares*, 1613.

e aí depois vão se consumindo e dissolvendo. Indiquei como estas poderiam talvez ser tidas como parte daquele sustento do qual alguns filósofos antigos julgaram que o Sol tivesse necessidade para sua sustentação, ou, quem sabe, os excrementos deste. Demonstrei também, pelas observações contínuas de tais matérias escuras, como o corpo solar gira sobre si mesmo por necessidade. Além disso, indiquei quão razoável seja acreditar que os movimentos dos planetas em torno do próprio Sol dependem desta rotação. Além do mais, sabemos que a intenção deste salmo é louvar a lei divina, comparando-a o profeta com o corpo celeste, em relação ao qual, dentre as coisas corporais, nenhuma é mais bela, mais útil e mais possante. No entanto, tendo ele cantado os louvares do Sol e não lhe sendo desconhecido que ele faz girar em torno todos os corpos móveis do mundo, passando às prerrogativas maiores da lei divina e desejando antepô-las ao Sol, acrescenta: "A Lei do Senhor é imaculada, movendo as almas etc.". É como se quisesse dizer que esta lei é tão mais excelente que o próprio Sol quanto o **305** ser imaculado e ter faculdade de mover em torno de si as almas é condição mais excelente do que estar salpicado de manchas, como está o Sol, e fazer girar em volta de si os globos corpóreos do mundo.

Reconheço e confesso minha excessiva ousadia, sendo ignorante das Sagradas Letras, ao querer meter-me a explicar os sentidos de tão alta contemplação. Mas, assim como minha total submissão ao julgamento de meus superiores pode me fazer desculpar, assim também o que se segue do versículo já explicado. "O testemunho do Senhor é fiel, comunicando a Sabedoria aos pequeninos" me deu esperança de que é possível que a infinita benignidade de Deus possa endereçar à pureza de minha mente um raio mínimo de sua graça pela qual se me aclare algum dos escondidos sentidos de suas palavras. Quanto escrevi, meu Senhor, é um recém-nascido que precisa ser conduzido a melhor forma, lavando-o e limpando-o com carinho e paciência, estando apenas esboçado e com membros capazes, sim, de forma bastante proporcionada, mas por ora desordenados e toscos. Se tiver possibilidade, me dedicarei a conduzi-lo a melhor simetria. Entrementes, peço-lhe que não o deixe chegar às mãos de pessoa que, utilizando, em vez da delicadeza da língua materna, a aspereza e a agudeza do dente da madrasta, em lugar de limpá-lo, o dilaceraria e despedaçaria todo. Com o que, beijo-lhe reverentemente as mãos junto com os senhores Buonarroti, Guiducci, Soldani e Giraldi, aqui presentes ao término da carta.

De Florença, aos 23 de março de 1615.

De Vossa Senhoria mui Ilustre e Reverendíssima
Servidor muitíssimo Agradecido
Galileu Galilei

Carta à Senhora Cristina de Lorena, Grã-duquesa Mãe de Toscana (1615)

Galileu Galilei à Sereníssima Senhora, a Grã-duquesa Mãe[25]

309 Eu descobri há poucos anos, como bem sabe Vossa Alteza Sereníssima, muitas particularidades no céu, que tinham permanecido invisíveis até esta época.[26] Seja por sua novidade, seja por algumas consequências que delas decorrem e que contrariam algumas proposições acerca da Natureza comumente aceitas pelas escolas dos filósofos, essas descobertas excitaram

---

25 Filha de Carlos, duque de Lorena, casou-se em 1589 com o Grão-duque da Toscana, Ferdinando I. Convidou Galileu em 1605 para dar aulas a Cósimo, seu filho, que, na época em que esta carta foi escrita, era o Grão-duque com o nome de Cósimo II e grande protetor de Galileu. Numerosas cópias desta carta foram distribuídas e ela foi impressa em 1636 em Estrasburgo sob os cuidados de Mathias Bernegger.

26 Galileu alude a suas descobertas: nova de Sagitário, relevo da Lua, estrelas invisíveis a olho nu, constituição da via-láctea, satélites de Júpiter, forma de Saturno, manchas solares e fases de Vênus. Parte destas descobertas foram anunciadas no seu opúsculo *A mensagem das estrelas* (Tradução brasileira de Carlos Ziller Camenietzki, Rio de Janeiro: Museu de Astronomia, 1987).

contra mim um bom número de seus professores; quase como se eu, com minha própria mão, tivesse colocado tais coisas no céu, para transtornar a Natureza e as ciências. Esquecidos, de certo modo, de que a multiplicação das verdades concorre para a investigação, o crescimento e a estabilização das disciplinas, e não para sua diminuição ou destruição, e demonstrando, ao mesmo tempo, maior apego por suas próprias opiniões do que pela verdade, esses professores chegaram a negar e a tentar anular aquelas novidades, sobre as quais, caso tivessem querido considerá-las com atenção, poderiam ter ganho segurança por meio de seus próprios sentidos. Por isso, tomaram várias providências e publicaram alguns escritos[27] repletos de discussões vazias; e, o que foi erro mais grave, salpicados de testemunhos das Sagradas Escrituras, tirados de passagens que não entenderam bem e aduzidas fora de propósito. Não teriam talvez **310** incorrido neste erro, se tivessem dado atenção a um utilíssimo testemunho que nos dá Santo Agostinho, referente ao cuidado em se conduzir na decisão sobre as coisas obscuras e difíceis de ser compreendidas apenas por meio do discurso; ao falar de certa conclusão natural a respeito dos corpos celestes, escreve ele o seguinte: "Pelo momento, contentando-nos em observar uma piedosa reserva, nada devemos crer apressadamente sobre este assunto obscuro, no temor de que, por amor a nosso erro, rejeitemos o que a verdade, mais tarde, poderia nos revelar não ser contrário de modo nenhum aos santos livros do Antigo e do Novo Testamento" (*Genesis ad literam, lib. sec. in fine*).[28]

---

27 Galileu se refere às controvérsias a propósito de *A mensagem das estrelas* e das manchas solares. Vide *infra*, nota 39.

28 Nesta carta Galileu cita abundantemente os Padres da Igreja, sobretudo o *Comentário literal do Gênesis*, de Santo Agostinho (Tradução

Aconteceu assim que o tempo foi aos poucos revelando a todos as verdades previamente indicadas por mim e, com a verdade dos fatos, evidenciando a diversidade de ânimos entre aqueles que, sinceramente e sem qualquer inveja, não admitiam como verdadeiros tais descobrimentos e aqueles que à incredulidade acrescentavam algum sentimento alterado. Donde, assim como os mais entendidos na ciência astronômica e na natural ficaram persuadidos ao meu primeiro anúncio, assim foram se aquietando pouco a pouco todos os outros que não se vinham mantendo na negativa ou em dúvida, senão por causa da inesperada novidade e por não terem tido ocasião de ver experiências sensíveis de tais descobrimentos. Mas há aqueles que, além do amor ao primeiro erro, não saberei qual outro interesse imaginário os torna mal dispostos não tanto para com as coisas quanto para com o autor; não podendo mais negar tais descobrimentos, eles os cobrem com um silêncio contínuo e, exacerbados ainda mais do que antes por aquilo sobre o que os outros se abrandaram e apaziguaram, desviam o pensamento para outras fantasias, tentando prejudicar-me de outros modos. A estes eu verdadeiramente não atribuiria maior consideração do que aos outros contraditores, dos quais sempre me ri, seguro do êxito que devia ter a empresa, se não visse que as novas calúnias e perseguições não se limitam à muita ou pouca doutrina, na qual minhas pretensões são escassas, mas se estendem a tentar ofender-me com manchas que devem ser e são por mim mais detestadas do que a morte. Nem devo

brasileira. São Paulo: Paulus, 2005). Numa carta de 06.01.1615, Castelli promete lhe enviar passagens de Santo Agostinho e de outros doutores da Igreja, que o Padre Pregador dos Barnabitas lhe havia prometido. Talvez seja a fonte da documentação patrística de Galileu.

contentar-me com que sejam reconhecidas como injustas apenas por aqueles que me conhecem e àqueles adversários, mas também por qualquer outra pessoa. Persistindo, pois, tais ad-
311 versários no seu primeiro plano de querer por todo meio imaginável derrubar-me e às minhas coisas; sabendo como eu, nos meus estudos de astronomia e de filosofia, sustento, a respeito da constituição das partes do mundo, que o Sol, sem mudar de lugar, permanece situado no centro das revoluções dos orbes celestes e que a Terra, que gira sobre si mesma, se move em torno dele; além disso, percebendo que vou confirmando tal posição, não só com a refutação das razões de Ptolomeu e de Aristóteles, mas com a apresentação de muitas razões em contrário; em particular, de algumas atinentes a efeitos naturais[29] cujas causas talvez não se possa determinar de outra maneira, e de outras razões astronômicas derivadas de muitos cotejos com os novos descobrimentos celestes, os quais refutam abertamente o sistema ptolomaico e concordam admiravelmente com esta outra posição e a confirmam; talvez confundidos pela reconhecida verdade de outras proposições[30] por mim sustentadas, diversas das comuns, e por isso desamparados, enfim, de defesa enquanto permanecem no campo filosófico, resolveram tentar escudar as falácias de seus discursos com o manto de uma religião fingida e com a autoridade das Sagradas

29 Galileu pensa nas marés que, segundo ele, seriam impossíveis numa Terra estacionária. As "razões astronômicas" citadas logo em seguida são principalmente as fases de Vênus, a variação de grandeza e luminosidade de Marte, a trajetória seguida pelas manchas solares no seu deslocamento mensal e a retrogradação dos planetas superiores. Cf. abaixo, p.328.

30 Trata-se do problema da flutuação dos corpos.

Escrituras, aplicadas com pouca inteligência na refutação de razões que nem ouviram nem entenderam.

Em primeiro lugar, procuraram, eles próprios, espalhar junto ao público em geral a ideia de que tais proposições são contrárias às Sagradas Escrituras e, por conseguinte, condenáveis e heréticas. Depois, percebendo o quanto em geral a inclinação da natureza humana é mais pronta a abraçar aquelas empresas pelas quais o próximo venha a ser, se bem que injustamente, oprimido do que aquelas em que ele recebe justa exaltação, não lhes foi difícil encontrar quem como tal, isto é, como condenável e herética, a tenha com insólita confiança pregado nos púlpitos,[31] com pouco piedoso e menos considerado agravo não só desta doutrina e de quem a segue, mas de todas as matemáticas e do conjunto dos matemáticos. Em seguida, chegando a ter maior confiança e inutilmente esperando que aquela semente, que primeiro deitou raiz na sua mente insincera, possa espalhar os seus ramos e erguê-los para o céu, vão murmurando entre o povo que como tal ela será em breve declarada pela autoridade suprema.[32] Sabendo que tal declaração arruinaria não só estas duas conclusões, mas tornaria condená- **312** veis todas as outras observações e proposições astronômicas e naturais, que com estas têm correlação e conexão, para facilitar a empresa, procuram o quanto podem fazer aparecer esta opinião, ao menos para o público em geral, como nova e minha particular. Fingem não saber que Nicolau Copérnico foi o seu autor, ou, mais exatamente, inovador e confirmador.[33] Homem

31 Cf. *supra*, nota 6.

32 Cf. *supra*, nota 8.

33 Galileu alude ao fato de o sistema heliocêntrico já ter sido proposto na Antiguidade. Vide *infra*, p.321. Quanto aos dados referentes

não somente católico, mas sacerdote e cônego e tão estimado que, tratando-se no Concílio de Latrão, sob Leão X, da reforma do calendário eclesiástico, ele foi chamado a Roma, dos confins da Germânia, para esta reforma que então permaneceu imperfeita só porque não se tinha ainda conhecimento exato da justa medida do ano e do mês lunar. Donde lhe foi dado, pelo bispo de Fossombrone, então responsável deste empreendimento, o encargo de procurar, com redobrados estudos e fadigas, chegar a maior luz e certeza sobre esses movimentos celestes. Então ele, com fadigas verdadeiramente gigantescas e com sua admirável inteligência, retomou tal estudo, avançou tanto nestas ciências e conduziu a tal exatidão o conhecimento dos períodos dos movimentos celestes que mereceu o título de sumo astrônomo. De acordo com a sua doutrina, não somente se ajustou desde então o calendário, mas edificaram-se as tábuas de todos os movimentos dos planetas. Tendo ele exposto tal doutrina em seis livros, publicou-a ao mundo a pedido do Cardeal de Cápua e do bispo de Kulm. Como Copérnico tinha retomado com tantas fadigas este empreendimento por ordem do Sumo Pontífice, ao seu sucessor, isto é, a Paulo III, dedicou o seu livro *Das revoluções celestes*, o qual, então impresso, foi recebido pela Santa Igreja, lido e estudado por todo o mundo sem que nunca se tenha descoberto, todavia, a mínima sombra de inquietação na sua doutrina. Eis que agora, enquanto se

---

a Copérnico, cf. *supra*, nota 12. O Cardeal de Cápua e o bispo de Kulm, mencionados logo em seguida, são respectivamente Nicolau de Schoenberg (1472-1537), citado também na carta a Monsenhor Dini de 16.02.1615 (*supra*, p.293) e Tiedemann Giese (1480-1550). Este foi nomeado em 1538 bispo de Chelmno (Kulm) na Pomerânia, diocese natal de Copérnico.

vai descobrindo quanto ela é bem fundada sobre experiências manifestas e demonstrações necessárias, não faltam pessoas que, não tendo, todavia, jamais visto tal livro, providenciam a recompensa de tantas fadigas ao seu autor com a desonra de fazê-lo declarar herético. Isto, somente para satisfazer a um seu **313** particular desdém concebido sem razão contra um outro que não tem para com Copérnico senão o interesse de confirmar a sua doutrina.

Ora, por causa destes falsos opróbrios que estas pessoas procuram tão injustamente me imputar, julguei necessário, para minha justificação com o público em geral, de cujo juízo e conceito em matéria de religião e de reputação devo fazer grande estima, discorrer acerca daqueles particulares que estas pessoas vão apresentando para detestar e abolir tal opinião e, em suma, para declará-la não apenas falsa, mas herética. Para tal escudam-se sempre num fingido zelo pela religião e procuram associar-se as Sagradas Escrituras e fazê-las de certo modo instrumentos de seus propósitos insinceros ao pretender, além do mais, se não me engano, estender a sua autoridade, para não dizer abusar dela, a despeito da intenção das Escrituras e dos Santos Padres; de tal modo que, mesmo em conclusões referentes apenas à Natureza e que não são de Fé, deve-se abandonar totalmente o sentido e as razões demonstrativas diante de alguma passagem da Escritura que talvez poderá conter um sentido diverso sob as palavras tais como aparecem. Donde eu esperar demonstrar com quanto mais piedoso e religioso zelo procedo eu do que o fazem eles quando proponho, não que não se condene este livro, mas que não se condene como o quereriam estes: sem entendê-lo, ouvi-lo, nem mesmo vê-lo; sobretudo, por ser autor que não trata jamais de coisas referentes à religião ou à fé, nem com argumentos derivados de algum modo da autoridade das Sagradas Escrituras em que ele possa tê-las interpretado mal, mas sempre se limita a conclusões naturais referentes aos movimentos celestes, tratadas com demonstrações astronômicas e geométricas, fundadas, em primeiro lugar, sobre experiências sensíveis e acuratíssimas observações. Não que ele não tivesse **314** dado atenção às passagens das Sagradas Escrituras, mas porque entendia muito bem que, sendo esta sua doutrina demonstrada, não podia opor-se às Escrituras entendidas corretamente. Assim, no fim da dedicatória, dirigindo-se ao Sumo Pontífice, diz o seguinte: "Se houver palradores frívolos que, ignorando todas as matemáticas, no entanto, pronunciam um julgamento a seu respeito e por causa de alguma passagem da Escritura distorcida maldosamente para seus propósitos, ousem censurar e atacar este meu empreendimento, não lhes dou importância e até mesmo desprezo seu julgamento como temerário. Não é mistério que Lactâncio, escritor célebre a outro respeito, mas matemático medíocre, fala de maneira muito pueril da forma da Terra quando zomba daqueles que afirmam que a Terra tem a forma de um globo. Assim, aos entendidos não é de admirar que eles zombem também de nós. As matemáticas são escritas para os matemáticos,[34] aos olhos dos quais estes nossos trabalhos, se não me falha o juízo, também contribuirão em algo para a República Eclesiástica cujo governo é ocupado agora por Vossa Santidade".

---

34 É a celebre expressão "mathemata mathematicis scribuntur". Quanto ao significado de "matemática" e "matemáticos", ver acima, nota 6. A expressão "palradores frívolos" do início da citação de Copérnico é uma alusão à carta de São Paulo a *Tito* 1, 10.

Percebe-se serem deste gênero aqueles que se esforçam por persuadir que se condene tal autor sem mesmo vê-lo. Para persuadir que isto é não somente lícito, mas recomendável, vão apresentando algumas autoridades da Escritura, dos sagrados teólogos e dos Concílios. Assim como estas são por mim recebidas e tidas como de suprema autoridade, tanto que julgaria ser suma temeridade a de quem quisesse contradizê-las quando vêm usadas de acordo com a determinação da Santa Igreja, igualmente creio que não seja erro falar quando se pode suspeitar que alguém queira, por algum interesse, apresentá-las e servir-se delas diferentemente daquilo que está na santíssima intenção da Santa Igreja. Todavia, protesto (e creio ademais que a minha sinceridade se tornará manifesta por si mesma) que tenho a intenção não somente de submeter-me a remover livremente os erros nos quais, por minha ignorância, pudesse incorrer neste escrito em matéria referente à religião, mas também declaro não querer nestas mesmas matérias entrar em discussão com ninguém, ainda que se tratasse de pontos discutíveis. Porque o meu propósito não tende a outra coisa senão a que – se nestas considerações afastadas da minha profissão, entre os erros que puderem estar nelas contidos, se acha alguma coisa apta para levar outros a alguma advertência útil para a Santa Igreja no que concerne à decisão a respeito do sistema copernicano – ela seja conservada e feito dela o uso que aprouver aos superiores; se não, que o meu escrito seja mesmo rasgado e queimado, pois não pretendo tirar dele nenhum fruto que não seja piedoso e católico. Ademais, se bem que muitas das coisas que anoto, as tenha ouvido com meus próprios ouvidos, de boa vontade admito e concedo a quem as disse que não as tenha mencionado, se assim lhes apraz, confessando poder ser

315

que eu tenha entendido mal. Então, quando respondo, não seja mencionado para eles, mas para quem tivesse aquela opinião.

O motivo, pois, que eles apresentam para condenar a opinião da mobilidade da Terra e da estabilidade do Sol é que, lendo-se nas Sagradas Escrituras em muitas passagens que o Sol se move e que a Terra permanece parada e, não podendo a Escritura jamais mentir ou errar, segue-se daí como consequência necessária que é errônea e condenável a sentença de quem pretendesse afirmar que o Sol é por si mesmo imóvel, e a Terra, móvel.

Sobre este argumento, parece-me que se deve considerar em primeiro lugar que se diz com grande santidade e se sustenta com grande sabedoria que a Sagrada Escritura não pode nunca mentir, sempre que se tenha penetrado o seu verdadeiro sentido. Ora, não creio que se possa negar que este muitas vezes é escondido e muito diverso daquilo como soa o puro significado das palavras. Do que se segue que, toda vez que alguém, ao expô-la, quisesse ater-se sempre ao som literal nu, poderia, errando este alguém, fazer aparecer nas Escrituras não só contradições e proposições afastadas da verdade, mas graves heresias e mesmo blasfêmias. Posto que seria necessário dar a Deus pés, mãos, olhos não menos que afecções corporais e humanas tais como de ira, de arrependimento, de ódio e até certa vez o esquecimento das coisas passadas e a ignorância das futuras. Ora, assim como estas proposições, ao ditado do Espírito Santo, foram de tal modo proferidas pelos escritores sagrados para adaptar-se à capacidade do vulgo assaz rude e iletrado, igualmente para aqueles que merecem ser separados da plebe é necessário que os sábios expositores apresentem os
316 verdadeiros sentidos delas e indiquem as razões particulares

pelas quais tenham sido proferidas sob tais palavras. Esta doutrina é de tal modo conhecida e especificada por todos os teólogos que seria supérfluo apresentar dela algum testemunho.

Daí me parecer que se pode assaz razoavelmente deduzir que a mesma Sagrada Escritura, todas as vezes que lhe ocorre pronunciar alguma conclusão natural e especialmente das mais recônditas e difíceis de serem compreendidas, não tenha abandonado esta mesma atitude para não acrescentar confusão nas mentes daquele mesmo povo e torná-lo mais obstinado contra os dogmas de mais profundo mistério. Porque se, como se disse e claramente se percebe, por causa apenas da consideração de acomodar-se à capacidade popular a Escritura não se absteve de obscurecer pronunciamentos da maior importância, atribuindo até ao próprio Deus condições muito afastadas de sua essência e contrárias a ela, quem pretenderá sustentar com segurança que a mesma Escritura, posta de lado tal consideração, ao falar ainda que incidentalmente da Terra, da água, do Sol ou de outra criatura, tenha escolhido restringir-se com todo o rigor dentro dos puros e restritos significados das palavras? Mormente ao enunciar destas criaturas coisas que em nada concernem ao desígnio primário das próprias Sagradas Escrituras, isto é, ao culto divino e à salvação das almas, coisas grandemente afastadas da compreensão do vulgo.

Sendo, portanto, assim, parece-me que, nas discussões de problemas concernentes à Natureza, não se deveria começar com a autoridade de passagens das Escrituras, mas com as experiências sensíveis e com as demonstrações necessárias. Porque a Sagrada Escritura e a Natureza, procedendo igualmente do Verbo divino, aquela como ditado do Espírito Santo e esta como executante muito obediente das ordens de Deus;

sendo, além disso, adequado nas Escrituras, para adaptar-se ao entendimento da generalidade das pessoas, dizer muitas coisas distintas, na aparência e quanto ao significado nu das palavras, da verdade absoluta; mas, ao contrário, sendo a Natureza inexorável e imutável e jamais ultrapassando os limites **317** das leis a ela impostas, como aquela que em nada se preocupa se suas recônditas razões e modos de operar estão ou não ao alcance da capacidade dos homens; parece, quanto aos efeitos naturais, que aquilo que deles a experiência sensível nos coloca diante dos olhos, ou as demonstrações necessárias nos fazem concluir, não deve de modo algum ser revocado em dúvida, menos ainda condenado, por meio de passagens da Escritura que tivessem aparência distinta nas palavras. Posto que nem todo dito da Escritura tem obrigações tão severas como todo efeito da Natureza, nem menos excelentemente se revela Deus a nós nos efeitos da Natureza do que nos sagrados ditos das Escrituras. Isto é o que talvez quisesse dizer Tertuliano[35] com estas palavras: "Nós declaramos que Deus deve ser conhecido primeiro pela Natureza e depois reconhecido pela doutrina: pela Natureza, por intermédio das obras; pela doutrina, por meio das pregações" (*Adversus marcionem,* Lib. pº, Capº 18).

Mas não pretendo com isto concluir que não se deve ter suma consideração pelas passagens das Sagradas Escrituras. Pelo contrário, tendo chegado à certeza de algumas conclusões concernentes à Natureza, devemos servir-nos delas como meios muito adequados para a verdadeira exposição destas

35 Galileu retoma um tema tradicional, o dos dois livros, da Natureza e da Escritura. Cf. abaixo, p.329 e nosso artigo "Sobre uma frase de Galileu" referido na introdução.

Escrituras e para a investigação dos sentidos que nelas estão necessariamente contidos, pois elas são perfeitamente verdadeiras e concordes com as verdades demonstradas. Julgaria, por isso, que a autoridade das Sagradas Escrituras tivesse tido em mira persuadir os homens, em especial daqueles artigos e proposições que, superando todo discurso humano, não podiam tornar-se críveis por outra ciência nem por outro meio que não a boca do próprio Espírito Santo. Além disso, que também nas proposições que não são de Fé a autoridade das próprias Sagradas Escrituras deva ser anteposta à autoridade de todas as escrituras humanas escritas, não com método demonstrativo, mas a modo de pura narração ou ainda com razões prováveis, eu diria que isto se deve reputar tanto mais adequado e necessário quanto a própria sabedoria divina supera todo juízo e conjectura humanos. Mas que o próprio Deus que nos dotou de sentidos, de discurso e de intelecto, tenha querido, postergando o uso destes, dar-nos por outro meio os conhecimentos que podemos conseguir por meio deles, de tal modo que mesmo no que se refere às conclusões concernentes à Natureza que, ou pelas experiências sensíveis ou pelas demonstrações necessárias, se nos apresentam expostas diante dos olhos e ao intelecto, devemos negar os sentidos e a razão, **318** não creio que seja necessário crê-lo. Mormente nas ciências das quais uma partícula mínima apenas, e ainda em conclusões dispersas, se lê na Escritura. Tal precisamente é a astronomia, da qual nela não se encontra senão uma parte de tal modo pequena, que aí não se encontram nem mesmo mencionados os planetas, exceto o Sol e a Lua e, uma ou duas vezes somente, Vênus, sob o nome de Lúcifer. Mas, se os escritores sagrados tivessem tido o pensamento de persuadir o povo das disposições e movimentos dos corpos celestes e, em consequência, nós devêssemos também aprender tal conhecimento das Sagradas Escrituras, não teriam, creio eu, tratado deles tão pouco que é como que nada em comparação com as infinitas conclusões dignas da admiração que estão contidas e se demonstram em tal ciência. Pelo contrário, que não somente os autores das Sagradas Escrituras não tenham pretendido nos ensinar os arranjos e os movimentos dos céus e das estrelas e suas formas, grandezas e distâncias, mas que, com um belo zelo, se bem que todas estas coisas fossem deles conhecidíssimas, delas se tenham abstido, é opinião de santíssimos e doutíssimos Padres. Em Santo Agostinho se leem as seguintes palavras: "Pergunta-se também ordinariamente que forma e que figura deve-se atribuir ao céu segundo nossas Escrituras. Discute-se muito sobre estas coisas que nossos autores deixaram de lado por maior prudência, como não devendo ser de nenhuma utilidade para a salvação para aqueles que delas se ocupam e, o que é pior, como exigindo deles um tempo precioso que seria muito melhor empregado em pesquisas mais úteis. Com efeito, que me importa a mim que o céu como uma esfera encerre a Terra colocada em equilíbrio no meio do Universo ou que ele não a recubra senão de um lado como um disco? Mas, como se trata da confiança que merecem as Escrituras, pela razão já dita várias vezes, isto é, por medo de que, se alguém, que não compreende os livros santos, topa com estas matérias em nossas divinas Escrituras ou ouve citar delas alguma coisa que parece contradizer as razões que ele descobriu, não queira dar fé quanto ao mais a suas úteis recomendações, a suas narrativas e a seus discursos, relembrarei em duas palavras, a respeito da figura do céu, que nossos autores sagrados tinham sobre este ponto noções conformes com a verdade, mas que o Espírito de Deus que falava por eles não quis ensinar aos homens tais coisas que não deviam ser de nenhuma utilidade para a salvação" (*Genesis ad literam*, lib. 2, c. 9). De fato, a mesma falta de apreço tida pelos mesmos escritores sagrados ao determinar o que se deve crer a respeito de tais acidentes dos corpos celestes vem aí repetida no capítulo seguinte, o 10º, pelo mesmo Santo Agostinho na questão sobre se deve-se julgar que o céu se move ou **319** permanece parado, sobre o que escreve o seguinte: "Alguns de nossos irmãos perguntam-se também a respeito do movimento do céu, se ele se move ou permanece imóvel; porque, se ele se move, eles não veem como se pode denominá-lo firmamento, nem, se ele é imóvel, como os astros que nele estão fixados vão do Oriente para o Ocidente, executando os astros polares círculos menores na vizinhança do polo; de sorte que o céu parece girar sobre si mesmo como uma esfera, se há um segundo polo invisível oposto ao nosso, ou somente como um disco, se não há um outro polo. Eu lhes responderei que a questão de saber se é assim ou não demandaria pesquisas muito sutis e muito laboriosas que eu não tenho tempo de empreender nem de prosseguir, como não o deveriam ter os que tenho a peito formar para sua salvação e para o bem da Santa Igreja".

Destas coisas, descendo mais ao nosso particular, resulta por consequência necessária que, não tendo o Espírito Santo querido nos ensinar se o céu se move ou permanece parado, nem se sua forma é a de uma esfera, a de um disco ou estendida com um plano, nem se a terra está contida no centro deste ou de um lado, menos intenção terá tido de certificar-nos de outras conclusões do mesmo gênero, de tal modo ligadas com as acima mencionadas que, sem a determinação destas, não se pode afirmar esta ou aquela opinião; desse tipo é o determinar do movimento e do repouso desta Terra e do Sol. Se o mesmo Espírito Santo, com belo zelo, deixou de ensinar-nos tais proposições, pois em nada concernem à sua intenção, isto é, à nossa salvação, como se poderá então afirmar que sustentar sobre estas tal opinião e não tal outra seja tão necessário que uma é de Fé, e a outra, errônea? Poderá, portanto, uma opinião ser herética e não concernir em nada à salvação das almas? Ou poder-se-á dizer que o Espírito Santo não quis ensinar-nos coisa concernente à salvação? Eu direi aqui o que ouvi de uma pessoa eclesiástica[36] constituída em grau eminentíssimo, isto é, que a intenção do Espírito Santo é ensinar-nos como se vai para o céu e não como vai o céu.

Mas passemos a considerar o quanto se devem estimar nas conclusões a respeito da Natureza as demonstrações necessárias e as experiências sensíveis e de quanta autoridade as reputaram os doutos e santos teólogos, dos quais, entre cem outros **320** testemunhos, temos os seguintes: "Quando se trata da doutrina de Moisés, deve-se diligentemente tomar cuidado para evitar totalmente julgar e apresentar como seguro e positivo o que quer que seja que repugne às experiências manifestas e aos argumentos da filosofia ou de outras disciplinas, pois, como toda verdade concorda sempre com a verdade, não é possível que a verdade das Sagradas Escrituras seja contrária aos verdadeiros argumentos e às experiências das doutrinas humanas" (*Pererius In Genesim, circa principium*).[37] E em Santo Agostinho

---

36 Segundo uma nota marginal de Galileu, tratar-se-ia do Cardeal Barônio (1538-1607).

37 Bento Pereyra (1535-1610). Seu *In Genesim*..., Roma, 1591-95, teve várias edições em Lião e Colônia.

se lê: "Se acontece que a autoridade das Sagradas Escrituras é posta em oposição com uma razão manifesta e certa, isto quer dizer que aquele que interpreta a Escritura não a compreende de maneira conveniente; não é o sentido da Escritura que ele não pode compreender, que se opõe à verdade, mas o sentido que ele quis lhe dar; o que se opõe à verdade não é o que se encontra na Escritura, mas o que se encontra nele mesmo e que ele quis atribuir a esta" (*Epistola septima,* ad Marcellinum).

Posto isto e sendo, como se disse, que duas verdades não podem se contradizer, é ofício dos sábios expositores esforçar--se por penetrar os verdadeiros sentidos das passagens sagradas, que serão indubitavelmente concordes com as conclusões naturais das quais a sensação manifesta ou as demonstrações necessárias nos tivessem anteriormente tornado certos e seguros. Além do que, como se disse, as Escrituras, pelos motivos alegados, admitem em muitas passagens exposições afastadas do significado das palavras e, ademais, não podemos afirmar com certeza que todos os intérpretes falam por inspiração divina, posto que, se assim fosse, nenhuma diversidade haveria entre eles a respeito dos sentidos dessas passagens. Creio, pois, que seria muito prudente que não se permitisse a nenhum deles empenhar as passagens da Escritura e, de certo modo, obrigá-las a dever sustentar como verdadeiras estas ou aquelas conclusões naturais, das quais talvez os sentidos e as razões demonstrativas e necessárias nos poderiam manifestar o contrário. Quem pretende pôr termo aos engenhos humanos? Quem pretenderá assegurar que já se viu e já se sabe tudo o que há no mundo para ser sentido e sabido? Talvez aqueles que em outras ocasiões confessam (e com grande verdade) que "as coisas que sabemos são uma parte mínima das que ignoramos"?

Além do que, temos da boca do próprio Espírito Santo que "Deus entregou o mundo à discussão dos homens, para que o homem não encontre a obra que Deus fez do início ao fim" (*Ecclesiast.*, Capº 3 [11]). Não se deverá, pois, segundo o meu parecer, contradizendo esta sentença, fechar o caminho ao livre **321** filosofar a respeito das coisas do mundo e da Natureza como se elas já tivessem sido todas reconhecidas e reveladas com certeza. Nem se deveria julgar temeridade o não acomodar-se com as opiniões já tidas como comuns, nem deveria haver quem tomasse como desdém se alguém não adere nas discussões a respeito da Natureza àquelas opiniões que lhes aprazem, sobretudo acerca de problemas já há milhares de anos controvertidos entre filósofos da maior grandeza, como é a estabilidade do Sol e a mobilidade da Terra. Opinião esta sustentada por Pitágoras e por toda a sua escola, por Heráclides do Ponto, que foi da mesma opinião, por Filolau, mestre de Platão, e pelo próprio Platão, como relata Aristóteles e do qual escreve Plutarco, na vida de Numa,[38] que Platão, já velho, dizia que sustentar ou-

38 Eis o texto de Plutarco: "Diz-se também que Numa construiu o templo de Vesta, destinado a ser um repositório do fogo sagrado, com forma circular, não para representar a forma da Terra como se esta fosse a mesma que Vesta, mas a do universo no seu conjunto, no centro do qual os pitagóricos colocam o elemento do fogo; dão-lhe o nome de Vesta e da unidade; e não sustentam que a Terra é imóvel ou que ela está situada no centro do globo, mas que ela é dotada de um movimento circular em torno do lugar do fogo e não é enumerada entre os elementos primários; concordando nisto com a opinião de Platão que, dizem eles, na sua velhice supunha que a Terra guardava uma posição lateral e que o espaço central e soberano estava reservado para algum corpo mais nobre". (*The Lives of the Noble Grecians and Romans*. The Great Books of the Western World, v.14, p.55, 1ª col.).

tra opinião era a coisa mais absurda. O mesmo foi crido por Aristarco de Samos, como relata Arquimedes, por Seleuco, o matemático, por Hicetas, o filósofo, como refere Cícero, e por muitos outros. Esta opinião foi finalmente desenvolvida e confirmada com muitas observações e demonstrações por Nicolau Copérnico. Sêneca, filósofo eminentíssimo, nos adverte no livro *De Cometis* que se deve com grandíssima diligência procurar chegar à certeza sobre se é o céu ou a Terra que sofre a rotação diurna.

Por isso, não seria talvez senão sábio e útil parecer não acrescentar à Escritura outros artigos sem necessidade, além dos concernentes à salvação e ao fundamento da Fé, contra cuja firmeza não há perigo algum de que possa surgir jamais doutrina válida e eficaz. Se assim é, desordem verdadeiramente seria aderir à exigência de pessoas que, além de ignorarmos se falam inspiradas por uma virtude celeste, vemos claramente que nelas fica a desejar aquela inteligência que seria necessária primeiro para compreender e depois para redarguir as demonstrações com as quais as ciências mais sutis procedem na confirmação de tais conclusões. Direi mesmo mais, se for lícito apresentar o meu parecer: talvez fosse mais adequado ao decoro e à majestade das Sagradas Escrituras prover para que todo escritor **322** superficial e vulgar não pudesse, para autorizar suas composições, bem frequentemente fundadas sobre vãs fantasias,

---

Onde se lê, um pouco abaixo, *Hicetas*, o original traz *Niceta*. Trata-se de um erro de grafia que Galileu simplesmente repete à seguida de Copérnico. Cf. *De revolutionibus I*, 5.

A referência exata do *De cometis*, de Sêneca, é o Livro III § 2. O texto é citado por Galileu na primeira das *Considerações sobre a opinião copernicana*. Vide infra, p.352.

salpicá-las de passagens da Sagrada Escritura, interpretadas ou, melhor, torcidas em sentidos tanto mais afastados da reta intenção desta Escritura quanto mais próximos do escárnio daqueles que, não sem alguma ostentação, vão se adornando com elas. Exemplos de tal abuso poder-se-iam aduzir muitos, mas quero que me bastem dois não afastados destas matérias astronômicas. Um dos quais são os escritos[39] publicados contra os planetas mediceus recentemente descobertos por mim, contra cuja existência foram apostas muitas passagens da Sagrada Escritura. Agora que os planetas se tornaram visíveis a todo o mundo, ouviria de boa vontade com quais novas interpretações vem exposta a Escritura por aqueles mesmos opositores e desculpada a sua ingenuidade. O outro exemplo é o daquele[40] que ainda recentemente publicou, contra os astrônomos e filósofos, que a Lua de modo nenhum recebe luz do Sol, mas é por si mesma brilhante. Confirma, enfim, esta imaginação ou, para dizer melhor, se persuade de que a confirma, com várias passagens da Escritura, as quais lhe parece que

---

39 Galileu alude aos escritos de Ludovico delle Colombe, *Contra o movimento da Terra*, 1611, e de Francesco Sizzi, *Dianoia astronômica, ótica, física, Veneza*, 1611. Este último acha-se reproduzido, com anotações de Galileu, no v.III das *Opere*. Ver também *supra*, nota 27. Como já dissemos, os "planetas mediceus ou mediceanos" são os satélites de Júpiter, assim denominados por Galileu em homenagem a Cósmio II de Médice, Grão-duque da Toscana. Vide *supra*, nota 17.

40 Referência a G. C. Lagalla, *Acerca dos fenômenos suscitados presentemente de novo no orbe da Lua pelo uso do novo telescópio*, Veneza, Baglioni, 1612, obra em que, pela primeira vez, se imprimiu o termo "telescópio", reproduzida com anotações de Galileu no v.III das *Opere*. Segundo Stillman Drake, a referência seria, mais provavelmente, ao *Diálogo*, de Fr. Ulisse Albergotti... *no qual se sustenta... que a Lua é luminosa por si mesma*, Viterbo, 1613.

não se poderiam salvar se a sua opinião não fosse verdadeira e necessária. Todavia, que a Lua é por si mesma opaca, é não menos claro que o esplendor do Sol.

Portanto, fica manifesto que tais autores, por não terem penetrado os verdadeiros sentidos da Escritura, a teriam, quando a sua autoridade fosse de grande momento, posto na obrigação de dever constranger outros a ter como verdadeiras, conclusões que repugnam às razões manifestas e aos sentidos. Que tal abuso fosse tomando pé ou autoridade Deus nos livre, porque em breve seria necessário proibir todas as ciências especulativas. Uma vez que, sendo por natureza o número dos homens pouco aptos para entender perfeitamente tanto as Escrituras Sagradas como as demais ciências assaz maior que o número dos inteligentes, aqueles, percorrendo superficialmente as Escrituras, se arrogariam autoridade de poder decretar sobre todas as questões da Natureza por força de alguma palavra mal **323** entendida por eles e pronunciada com outro propósito pelos escritores sagrados. Nem poderia o pequeno número dos entendidos refrear a torrente furiosa daqueles que encontrariam tanto mais sequazes quanto o poder se fazer reputar sábios sem estudo e sem fadiga é mais agradável do que o consumir-se sem repouso a respeito de disciplinas extremamente laboriosas. Mas graças infinitas devemos dar ao Deus bendito, que pela sua benignidade nos livra deste temor quando priva de autoridade semelhante espécie de pessoas, confiando o refletir, resolver e decretar sobre determinações tão importantes à suma sabedoria e bondade de prudentíssimos Padres e à suprema autoridade daqueles que, guiados pelo Espírito Santo, não podem senão ordenar santamente, permitindo que da leviandade daqueles outros não se tenha estima. Esta espécie de homens, ao que creio, são aqueles contra os quais, não sem razão, se inflamam os graves e santos escritores e dos quais em particular escreve São Jerônimo: "A respeito desta (entendendo-se a Escritura Sagrada), a velha faladeira, o velho delirante, o sofista verboso, todos têm presunção, espoliam-na e a ensinam antes de ter aprendido. Outros, franzindo a sobrancelha, sopesando grandes palavras, filosofam entre mulherzinhas sobre as Sagradas Escrituras; outros – que vergonha – aprendem de mulheres o que ensinar aos homens e, como se fosse pouco, com uma certa facilidade de palavra, ou, antes, audácia, explicam a outros o que eles próprios não entendem. Calo a respeito dos meus iguais que, se acaso vieram às Sagradas Escrituras depois das letras profanas e com linguagem alambicada adoçam o ouvido do povo, pensam que o que quer que digam, isto é a lei de Deus e não se dignam de saber o que pensam os Profetas ou os Apóstolos, mas adaptam ao seu modo de ver testemunhos inadequados, como se fosse um modo de ensino nobre, e não péssimo, distorcer asserções e puxar para o que eles desejam a Escritura que a isto repugna" (*Epistola ad Paulinum*, 103).

Não quero colocar no número de tais escritores alguns teólogos considerados por mim homens de profunda doutrina e de costumes santíssimos e por isso tidos em grande estima e veneração; mas já não posso negar que não fico com algum escrúpulo, e em consequência com desejo de que me seja removido, quando percebo que estes pretendem poder constranger outros, com a autoridade da Escritura, a seguir em discussões a respeito da Natureza aquela opinião que lhes parece mais em harmonia com as passagens daquela, julgando-se ao mesmo **324** tempo não ter obrigação de refutar as razões ou experiências em contrário. Como explicação e confirmação deste seu parecer, dizem que, sendo a teologia rainha de todas as ciências, não deve de maneira nenhuma rebaixar-se para acomodar-se às opiniões das outras menos dignas e a ela inferiores, mas que, ao contrário, as outras devem referir-se a ela, como a mestra suprema, e mudar e alterar suas conclusões de acordo com os estatutos e decretos teológicos. Acrescentam mais que, quando na ciência inferior se tiver alguma conclusão como segura, por força de demonstrações ou de experiências, à qual se encontre na Escritura outra conclusão contrária, devem aqueles próprios que professam aquela ciência procurar por si mesmos desfazer as suas demonstrações e descobrir as falácias de suas próprias experiências sem recorrer aos teólogos e exegetas, não convindo, como se disse, à dignidade da teologia rebaixar-se à investigação das falácias das ciências subordinadas, bastando-lhe apenas determinar a verdade da conclusão com a autoridade absoluta e com a segurança de não poder errar. Depois, as conclusões a respeito da Natureza nas quais dizem estes teólogos que devemos nos apoiar sobre a Escritura, sem glosá-la ou interpretá-la em sentidos distintos das palavras, dizem ser aquelas das quais a Escritura fala sempre do mesmo modo e que todos os Santos Padres aceitam e expõem no mesmo sentido. Ora, a respeito destas determinações me ocorre considerar alguns particulares que proporei, para ser acautelado a respeito por quem mais do que eu entende destas matérias, ao juízo dos quais eu sempre me submeto.

Primeiro, recearia que possa haver um pouco de equívoco, enquanto não se assinalem as preeminências pelas quais a sagrada teologia é digna do título de rainha. Ela poderia ser digna de tal título porque aquilo que é ensinado por todas as outras ciências se encontra compreendido e demonstrado nela, mas com meios mais excelentes e com doutrina mais sublime. É desta maneira, por exemplo, que as regras para medir os terrenos **325** e fazer contas estão contidas de modo muito mais eminente na aritmética e geometria de Euclides do que nas práticas dos agrimensores e dos contadores. Ou a teologia poderia ser digna do título de rainha porque o tema de que se ocupa supera em dignidade todos os outros temas que são matéria das outras ciências e ainda porque os seus ensinamentos procedem com meios mais sublimes. Que o título e a autoridade régia cabem à teologia da primeira maneira, não creio que pode ser afirmado como verdadeiro por aqueles teólogos que têm alguma prática das outras ciências. Nenhum deles, creio eu, dirá que a geometria, a astronomia, a música e a medicina estão contidas de modo muito mais excelente e exato nos livros sagrados do que em Arquimedes, em Ptolomeu, em Boécio e em Galeno. Parece, portanto, que a régia sobre-eminência se lhe deve da segunda maneira, isto é, pela elevação do tema e pelo admirável ensinamento das revelações divinas no que se refere às conclusões que por outros meios não poderiam ser captadas pelos homens e que concernem no mais alto grau à aquisição da beatitude eterna. Ora, a teologia, ocupando-se das mais altas contemplações divinas e detendo por dignidade o trono régio, pelo que ela é dotada de suma autoridade, não desce às especulações mais baixas e humildes das ciências inferiores, antes, como se declarou anteriormente, destas não cuida, pois não concernem à beatitude. Não deveriam, pois, seus ministros e professores arrogar-se autoridade de decretar nas profissões não exercidas nem estudadas por eles. Isto seria como se um príncipe absoluto, sabendo que pode ordenar livremente e fazer-se obedecer, quisesse, não sendo ele nem médico nem arquiteto, que se medicasse e construísse a seu modo, com grave perigo para a vida dos míseros enfermos e manifesta ruína dos edifícios.

Ordenar, pois, aos próprios professores de astronomia que procurem por si mesmos acautelar-se com suas próprias observações e demonstrações, como com aquilo que não pode ser senão falácias e sofismas, é ordenar-lhes coisa mais do que impossível de ser feita. Porque não somente se lhes ordena **326** que não vejam aquilo que eles veem e que não compreendam aquilo que eles compreendem, mas que, pesquisando, encontrem o contrário do que lhes chega às mãos. Mas, antes de fazer isto, seria necessário que lhes fosse mostrado o modo de fazer que as potências da alma se comandassem uma à outra, e as inferiores às superiores, de tal modo que a imaginação e a vontade pudessem e quisessem crer o contrário do que o intelecto compreende (falo sempre das proposições puramente naturais e que não são de Fé, e não das sobrenaturais e de Fé). Eu desejaria pedir a estes prudentíssimos Padres que quisessem considerar com toda diligência a diferença que há entre as doutrinas opináveis e as demonstrativas. Para tal, representando-se bem diante da mente com que força constrangem as ilações necessárias, se certificassem mormente de como não está no poder dos professores das ciências demonstrativas mudar suas opiniões a seu grado, conformando-se ora a esta, ora àquela; que há grande diferença entre ordenar a um matemático ou a um filósofo e prescrever a um mercador ou legista e de que não se pode mudar com a mesma facilidade as conclusões demonstradas a respeito das coisas da Natureza e do céu ou as opiniões a respeito do que é lícito ou não num contrato, num imposto **327** ou num câmbio. Tal diferença foi muito bem conhecida pelos doutíssimos e santos Padres, como nô-lo manifesta o terem eles posto grande zelo em refutar muitos argumentos ou, para dizer melhor, muitas falácias filosóficas, como explicitamente se lê em alguns deles. Em particular, temos em Santo Agostinho as seguintes palavras: "Deve ser tido por indubitável o seguinte: o que quer que os sábios deste mundo puderem verdadeiramente demonstrar acerca da natureza das coisas, mostremos que não é contrário às nossas Escrituras; o que quer que eles ensinam nos seus livros, contrário às Sagradas Escrituras, sem nenhuma dúvida, creiamos que se trata de algo completamente falso e, de qualquer maneira que pudermos, também o mostremos; guardemos assim a fé de nosso Senhor, no qual estão escondidos todos os tesouros da sabedoria, de modo que nem sejamos seduzidos pela loquacidade de uma falsa filosofia nem sejamos atemorizados pela superstição de uma religião fingida" (*Genesis ad literam*. Lib. I, Capº 21).

Destas palavras me parece que se tira a doutrina seguinte, a saber, que nos livros dos sábios deste mundo estão contidas algumas coisas acerca da Natureza verdadeiramente demonstradas e outras simplesmente ensinadas; quanto às primeiras é ofício dos sábios teólogos mostrar que elas não são contrárias às Sagradas Escrituras; quanto às outras, ensinadas mas não demonstradas necessariamente, se nelas houver coisa contrária às Sagradas Letras, deve-se julgar como indubitavelmente falsa e deve-se demonstrar que é assim de todo modo possível. Se, portanto, as conclusões naturais verdadeiramente demonstradas não se hão de pospor às passagens da Escritura, mas, ao contrário, se há de declarar como tais passagens não contrariam essas conclusões, é preciso ainda, antes de condenar uma proposição natural, mostrar que ela não está demonstrada necessariamente – e isto devem fazer, não aqueles que a têm como verdadeira, mas aqueles que a julgam falsa. O que parece muito razoável e conforme à natureza, quer dizer: muito mais facilmente encontram as falácias, num discurso, aqueles que o julgam falso do que aqueles que o reputam verdadeiro e concludente. Ao contrário, neste particular acontecerá que os seguidores desta opinião, quanto mais andarem a revolver as páginas, examinar as razões, repetir as observações e verificar as experiências, tanto mais se confirmarão, nesta crença. **328** Vossa Alteza sabe o que ocorreu ao falecido matemático[41] da Universidade de Pisa, que se pôs na sua velhice a examinar a doutrina de Copérnico com esperança de poder refutá-la com fundamento (posto que tanto a reputava falsa quanto não a tinha jamais examinado). Aconteceu-lhe que, tão logo se capacitou dos seus fundamentos, procedimentos e demonstrações, achou-se persuadido e, de adversário, tornou-se firmíssimo defensor dela. Poderia ainda mencionar-lhe outros matemáticos que, movidos pelos meus últimos descobrimentos, confessam ser necessário mudar a já concebida organização do mundo, não podendo esta de maneira nenhuma subsistir mais.

Se, para remover do mundo esta opinião e doutrina, bastasse fechar a boca de um só, como se persuadem aqueles que, medindo os julgamentos dos outros pelo seu próprio, julgam impossível que tal opinião tenha poder de subsistir e de encontrar seguidores, isto seria facílimo de se fazer. Mas a empresa caminha de outro modo, porque, para executar tal determina-

41 Tratar-se-ia de Antônio Santucci, falecido em 1613. Dos "outros matemáticos" mencionados em seguida, o texto das *Opere* cita Cristóvão Clávio (1537-1612), professor de matemática no Colégio Romano dos Jesuítas, que reconheceu a veracidade das descobertas narradas em *A mensagem das estrelas*.

ção, seria necessário proibir não só o livro de Copérnico e os escritos dos outros autores que seguem a mesma doutrina, mas também toda a ciência da astronomia inteira. E mais: proibir aos homens olhar para o céu para que não vejam Marte e Vênus, ora muito próximos da Terra, ora muito afastados, com tanta diferença que esta se percebe 40 vezes e aquele 60 vezes maior na primeira posição do que na segunda; para que a própria Vênus não seja percebida ora redonda, ora em forma de foice com pontas finíssimas e muitas outras observações que de modo algum podem se ajustar ao sistema ptolomaico, mas que são argumentos firmíssimos do copernicano. Mas proibir Copérnico, agora, que, por muitas observações novas e pela aplicação de muitos eruditos à sua leitura, vai-se dia a dia descobrindo mais verdadeira a sua posição e firme a sua doutrina, tendo-o admitido por tantos anos quando ele era menos seguido e confirmado, pareceria, a meu juízo, ir contra a verdade e procurar tanto mais ocultá-la e suprimi-la quanto mais ela se demonstra manifesta e clara. Não abolir inteiramente todo o livro, mas condenar somente como errônea esta proposição particular, seria, se não me engano, dano maior para as almas, deixando-lhes ocasião de ver provada uma proposição que depois fosse pecado crê-la. Proibir toda a ciência, que outra coisa seria senão reprovar cem passagens das Sagradas Letras que nos ensinam como a glória e a grandeza do sumo Deus admiravelmente se discernem em todas as suas obras e divinamente se lê no livro aberto do céu? Nem haja quem creia que a leitura dos altíssimos conceitos que estão escritos naquelas páginas termine apenas no ver o esplendor do Sol e das estrelas e o seu nascer e pôr-se, que é o termo até onde penetram os olhos dos animais e do vulgo. Mas há, aí dentro, mistérios tão profundos e conceitos tão sublimes que as vigílias, as fadigas e os estudos de centenas e centenas de agudíssimas inteligências não os penetraram ainda inteiramente com as investigações levadas adiante por milhares e milhares de anos. Contudo, creiam os simples que, assim como aquilo que o seus olhos captam, ao olhar o aspecto externo de um corpo humano, é pouquíssima coisa em comparação com os admiráveis artifícios que neste encontra um refinado e diligente anatomista e filósofo, quando vai investigando o uso de tantos músculos, tendões, nervos e ossos, examinando as funções do coração e dos outros membros principais, procurando as sedes das faculdades vitais, observando as maravilhosas estruturas dos órgãos dos sentidos e, sem jamais acabar de admirar-se e **330** de contentar-se, contemplando os recônditos da imaginação, da memória e do discurso; assim também aquilo que o sentido da vista apenas mostra é como nada em proporção com as profundas maravilhas que, mercê das longas e acuradas observações, o engenho dos inteligentes discerne no céu. Isto é quanto me ocorre considerar a respeito deste particular.

Além disso, quanto àquilo que acrescentam, isto é, que aquelas proposições a respeito da Natureza, das quais a Escritura enuncia sempre o mesmo e que todos os Padres concordantemente tomam no mesmo sentido, devem ser entendidas de acordo com o significado nu das palavras sem glosas ou interpretações, e recebidas e tidas como veríssimas e que, em consequência, por ser a mobilidade do Sol[42] e a estabilidade da Terra deste tipo, é de Fé tê-las como verdadeiras e errônea a opinião contrária. Quanto a isso, ocorre-me considerar primei-

42 Neste lugar e mais três vezes em seguida Galileu não escreve a palavra "Sol", mas utiliza o símbolo ☉.

ro que, entre as proposições acerca da Natureza, há algumas a respeito das quais, com toda a especulação e discurso humano, só se pode conseguir, antes, alguma opinião provável e conjectura verossímil do que uma ciência segura e demonstrada, como, por exemplo, saber se as estrelas são animadas; há outras a respeito das quais se tem ou se pode crer firmemente que se pode ter, com experiências, com longas observações e com demonstrações necessárias, certeza indubitável, como saber se a Terra e o Sol se movem ou não, se a Terra é esférica ou não. Quanto às primeiras, não duvido nada que, onde os discursos humanos não podem chegar e, por conseguinte, não se pode ter ciência destas proposições, mas somente opinião e fé, importa conformar-se piedosamente de maneira absoluta com o sentido puro da Escritura. Mas, quanto às outras, acreditaria, como se disse acima, que primeiro se deveria certificar-se do fato, o que nos esclareceria no descobrimento dos verdadeiros sentidos das Escrituras, os quais se encontrariam absolutamente concordes com o fato demonstrado, embora as palavras à primeira vista soassem de outro modo, posto que duas verdades não podem jamais opor-se. Esta me parece doutrina **331** tão reta e segura quanto a encontro precisamente escrita em Santo Agostinho ao falar este exatamente da forma do céu e de como se deve crer que ela é. De fato, parece que o que dela afirmam os astrônomos é contrário à Escritura, julgando-a aqueles redonda e chamando-a a Escritura "estendida como uma pele".[43] Determina Santo Agostinho que ninguém se há de

---

43 Nem Santo Agostinho nem Galileu parecem ter percebido que se trata da pele de uma tenda. No texto de Santo Agostinho, referido logo em seguida, aparece a citação do *Salmo* 103,2 onde esta imagem é utilizada.

preocupar de que a Escritura contrarie os astrônomos, mas de crer na sua autoridade se aquilo que estes dizem for falso e fundado somente sobre conjecturas da fraqueza humana; mas, se aquilo que eles afirmam for provado com razões indubitáveis, não diz este Santo Padre que se ordene aos astrônomos que eles próprios, dissolvendo as suas demonstrações, declarem a sua conclusão falsa, mas sim, que se deve mostrar que aquilo que é mencionado da pele na Escritura não é contrário àquelas verdadeiras demonstrações. Eis as suas palavras: "Mas diz alguém: como não é contrário aos que atribuem ao céu a forma de uma esfera, o que está escrito nos nossos livros, 'Ele estende o céu como uma pele'? Que seja verdadeiramente contrário, se o que eles dizem é falso; de fato, antes é verdade o que diz a autoridade divina do que o que a fraqueza humana conjectura. Mas, se acaso eles puderem provar o que dizem com tais provas que não se deva duvidar disto, deve-se demonstrar que o que é citado da pele nos nossos livros não é contrário àquelas verdadeiras razões" (*Genesis ad literam*, Capítulo 9). Continua depois a admoestar-nos que não devemos ser menos cuidadosos em concordar uma passagem da Escritura com uma proposição demonstrada a respeito da Natureza do que com uma outra passagem da Escritura que soasse o contrário.[44] Além do que, me parece digna de ser admirada e imitada a circunspecção deste Santo que, mesmo nas conclusões obscuras e das quais podemos estar seguros de que nao se pode ter delas ciência por demonstrações humanas, mostra-se muito reservado no

44 O texto de Santo Agostinho precedentemente citado continua: "do contrário, seria preciso ver uma nova contradição numa outra passagem onde nossas Escrituras representam o céu suspenso como uma abóbada (*Isaías* 40,22).

determinar o que se deve crer. Vê-se isto pelo que ele escreve no fim do 2º livro *De Genesi ad literam* [Capº 18] ao perguntar se deve se crer que as estrelas são animadas: "Embora isto, no presente, não possa ser compreendido facilmente, julgo que, no curso de meus tratados sobre as Escrituras, ocorrerão lugares mais oportunos em que, de acordo com os textos de santa autoridade, nos será permitido, senão mostrar algo de certo sobre este assunto, pelo menos crer. Pelo momento,[45] contentando-nos em observar uma piedosa reserva, nada devemos crer apressadamente sobre este assunto obscuro, no temor de que rejeitemos por amor a nosso erro o que a verdade, mais **332** tarde, poderia nos revelar não ser contrário de modo nenhum aos santos livros do Antigo e Novo Testamento".

A partir desta e de outras passagens, parece-me, se não me engano, que a intenção dos Santos Padres é a de que, nas questões concernentes à Natureza e que não são de Fé, primeiro deve se considerar se elas são indubitavelmente demonstradas ou conhecidas por experiências sensíveis, ou então se um tal conhecimento e demonstração podem ser obtidos. Obtendo-se este, que é também um dom de Deus, deve ser aplicado na investigação dos verdadeiros sentidos das Sagradas Letras naquelas passagens que aparentemente se apresentem soando diversamente. Os quais serão certamente entendidos pelos sábios teólogos juntamente com as razões pelas quais o Espírito Santo os tenha querido velar, algumas vezes, sob palavras de significado diverso para nossa exercitação ou por outra razão recôndita para mim.

Quanto ao outro ponto, se considerarmos o escopo primário dessas Sagradas Letras, não creio que terem elas sempre

---

45 Esta frase já tinha sido citada por Galileu anteriormente, p.310.

falado no mesmo sentido tenha de perturbar esta regra. Se ocorre que a Escritura, para adaptar-se à capacidade do vulgo, pronuncie uma vez uma proposição com palavras de sentido diverso da essência desta proposição, por que não deverá ela ter observado o mesmo, pela mesma consideração, quantas vezes lhe ocorria dizer a mesma coisa? Antes me parece que proceder de outro modo teria aumentado a confusão e diminuído a crença do povo. Depois, que a respeito do repouso ou movimento do Sol e da Terra fosse necessário, para adaptar-se à capacidade popular, afirmar o que soam as palavras da Escritura, a experiência no-lo mostra claramente, posto que mesmo na nossa época um povo bastante menos rude continua se mantendo na mesma opinião por razões que, bem ponderadas e examinadas, se revelarão frivolíssimas e, por experiências, ou falsas em tudo ou totalmente fora do caso. Nem se pode, todavia, tentar dissuadi-lo, por não ser capaz das razões contrárias, dependentes de observações demasiadamente refinadas e demonstrações **333** sutis, apoiadas sobre abstrações que, para serem concebidas, requerem imaginação excessivamente ousada. Pelo que, mesmo quando para os entendidos fosse mais que certa e demonstrada a estabilidade do Sol e o movimento da Terra, seria preciso de todo modo, para manter o crédito junto ao numerosíssimo vulgo, proferir o contrário, posto que, de mil homens do vulgo que sejam interrogados sobre estes particulares, talvez não se encontre um só que não responda parecer-lhe e, assim, crer seguro que o Sol se move e que a Terra permanece parada. Mas nem por isso deve alguém tomar esta anuência popular comuníssima como argumento da verdade daquilo que é afirmado. Porque, se interrogarmos os mesmos homens sobre as causas e os motivos pelos quais eles creem assim e, ao contrário, escutarmos quais experiências e demonstrações induzem aqueles outros poucos a crer o contrário, verificaremos que estes são persuadidos por razões firmíssimas e aqueles por aparências muitíssimo ingênuas e comparações vãs e ridículas.

É bastante manifesto, portanto, que fosse necessário atribuir ao Sol o movimento e o repouso à Terra para não confundir a pouca capacidade do vulgo e não torná-lo obstinado e teimoso no prestar fé aos artigos principais e que são absolutamente de Fé. Se assim era necessário que se fizesse, não há precisamente que admirar-se que assim tenha sido, com suma sabedoria, executado nas divinas Escrituras. Direi mais: não somente o respeito pela incapacidade do vulgo, mas a opinião corrente daqueles tempos fez com que os escritores sagrados, nas coisas não necessárias à beatitude, mais se acomodassem ao uso recebido do que à essência do fato. Falando disso, São Jerônimo escreve: "Como se muitas coisas não sejam ditas nas Sagradas Escrituras de acordo com a opinião daquele tempo ao qual se relacionam os acontecimentos e não de acordo com o que a verdade da coisa encerrava" (Cap. 28, *Hieremiae*). Em outro lugar o mesmo Santo diz: "É costume das Escrituras que o historiador narre a opinião sobre muitas coisas da maneira como era crido por todos naquele tempo" (Cap. 13, *Matthaei*). E Santo Tomás no *Comentário sobre Jó*, Cap. 27, a respeito das **334** palavras "Que estende o aquilão sobre o vácuo e suspende a Terra sobre o nada",[46] observa que a Escritura chama de vácuo

46 Cf. *Jó* 26,7 de acordo com a tradução da Bíblia de Jerusalém: "Estendeu o setentrião sobre o vazio e suspendeu a Terra sobre o nada". Esta tradução indica melhor que o "aquilão" quer dizer "norte", pois, sendo o aquilão o vento do norte, designa esta direção. Mas,

e nada o espaço que abarca e circunda a Terra e que nós sabemos que não é vácuo, mas cheio de ar. Contudo, diz ele que a Escritura, para adaptar-se à crença do vulgo que pensa que em tal espaço não haja nada, o chama de vácuo e nada. Eis as palavras de Santo Tomás: "O que nos aparece do hemisfério superior do céu nada mais é senão um espaço cheio de ar que os homens do vulgo julgam vazio; a Sagrada Escritura fala, pois, de acordo com o julgamento dos homens do vulgo, como é seu costume". Ora, a partir desta passagem, parece-me que se pode argumentar bastante claramente que a Escritura Sagrada, pela mesma consideração, teve muito maior razão de chamar o Sol móvel e a Terra estável. Porque, se nós experimentarmos a capacidade dos homens do vulgo, os encontraremos muito mais ineptos para ficar persuadidos da estabilidade do Sol e mobilidade da Terra do que ser cheio de ar o espaço que nos circunda. Portanto, se os autores sagrados, neste ponto em que não havia tanta dificuldade para persuadir a capacidade do vulgo, não se abstiveram menos de tentar persuadi-lo, não deverá parecer senão muito razoável que em outras proposições muito mais recônditas tenham respeitado o mesmo estilo.

Além do que, o próprio Copérnico conhecia a força que tem sobre nossa imaginação um costume antigo e um modo de conceber as coisas que nos é familiar desde a infância. Daí, para não acrescentar confusão e dificuldade na nossa abstração, depois de ter primeiro demonstrado que os movimentos, que nos parecem ser do Sol ou do firmamento, são na verdade da

---

talvez, tanto quanto a tradução usada por Galileu, deixe escapar a imagem presente no texto hebraico, pois "estender o norte" não tem sentido. Seria preciso traduzir "Fixou o norte", isto é, Deus colocou no céu um ponto fixo para fazê-lo girar em torno dele.

335 Terra, ao abordar em seguida a sua tradução em tábuas e sua aplicação ao uso, continua a mencioná-los como do Sol e do céu superior aos planetas. Chama de nascer e pôr do Sol e das estrelas, de mutações na obliquidade do zodíaco e variações nos pontos dos equinócios, de movimento médio, de anomalia e prostaférese do Sol e outras coisas semelhantes, aquelas coisas que, na verdade, são da Terra. Mas, como nós estamos unidos com ela e, em consequência, participamos de todos os seus movimentos, não os podemos reconhecer imediatamente nela, e importa-nos relacioná-la com os corpos celestes nos quais nos aparecem; no entanto, os mencionamos como se dando lá onde nos parece que eles se dão. Por isso, note-se o quanto é adequado adaptar-se ao nosso modo de entender mais costumeiro.

Que, ademais, a concordância geral dos Padres, ao tomarem todos uma proposição da Escritura referente à Natureza no mesmo sentido, deva autenticá-la de modo que se torne de Fé considerá-la como tal, creio que isto se deveria entender, quando muito, somente daquelas conclusões que tivessem sido discutidas e debatidas por esses Padres com absoluta diligência e controversas de um e de outro lado, concordando depois todos em reprovar aquele e sustentar este. Mas a mobilidade da Terra e a estabilidade do Sol não são deste gênero pelo fato de que tal opinião estava naqueles tempos totalmente morta e afastada das questões das escolas e não era considerada nem seguida por ninguém. Donde se pode crer que os Padres nem sequer tivessem ideia de discuti-la, estando as passagens da Escritura, a sua própria opinião e a anuência de todos os homens con-
336 cordes no mesmo parecer, sem que se percebesse a contradição de ninguém. Não basta, portanto, dizer que todos os Padres admitem a estabilidade da Terra etc., logo que sustentá-la é de

Fé, mas é preciso provar que eles tenham condenado a opinião contrária. Porquanto, eu poderei sempre dizer que o não terem tido eles ocasião de refletir sobre esta e discuti-la fez que a deixassem de lado e a admitissem somente como corrente, mas não como já resolvida e estabelecida. Isto me parece que se pode dizer com razão bastante firme. Porquanto, ou os Padres refletiram sobre esta conclusão como controversa, ou não. Se não, então nada nos puderam determinar, nem mesmo nas suas mentes; nem deve a sua não preocupação colocar-nos na obrigação de aceitar aqueles preceitos que eles não impuseram nem sequer em intenção. Mas, se aplicaram-se a esta conclusão e a consideraram, já a teriam condenado se a tivessem julgado errônea, o que não se verifica que eles tenham feito. Pelo contrário, desde que alguns teólogos começaram a considerá-la, vê-se que não a julgaram errônea como se lê nos *Comentários* de Diego de Zúñiga[47] sobre Jó no Cap. 9, vers. 6, a propósito das palavras – "Ele move a Terra de seu lugar etc.", em que discorre longamente sobre a posição copernicana e conclui que a mobilidade da Terra não é contra a Escritura.

Além do que, tenho alguma dúvida a respeito da verdade de tal determinação, isto é, de que seja verdade que a Igreja obriga a sustentar como de Fé semelhantes conclusões a respeito da Natureza caracterizadas somente por uma interpretação concorde de todos os Padres. Suspeito que possa ser que aqueles que julgam deste modo podem ter querido ampliar a favor da sua própria opinião o decreto dos Concílios, o qual não vejo que, a este propósito, proíba outra coisa senão distorcer em

---

47 Os *comentários sobre Jó*, de Diego de Zúñiga, publicados em Toledo, 1584, foram suspensos pela Congregação do Índice a 05.03.1616.

sentidos contrários ao da Santa Igreja ou do consenso comum
337 dos Padres somente aquelas passagens que são de Fé ou que se referem aos costumes, concernentes à edificação da doutrina cristã. Assim fala Concílio Tridentino na Sessão IV.[48] Mas a mobilidade ou estabilidade da Terra ou do Sol não são de Fé nem contra os costumes, nem há a este propósito quem pretenda torcer passagens da Escritura para contrariar a Santa Igreja ou os Padres. Pelo contrário, quem escreveu esta doutrina não se serviu jamais de passagens sagradas, para que caiba sempre à autoridade de graves e sábios teólogos interpretar as ditas passagens de acordo com o verdadeiro sentido. O quanto os decretos dos concílios estão em conformidade com os Santos Padres nestes particulares pode ser bastante manifesto, uma vez que tão longe está que se resolvam aceitar como de Fé semelhantes conclusões a respeito da Natureza ou a reprovar como errôneas as opiniões contrárias quanto, considerando de preferência a intenção primária da Santa Igreja, julgam inútil ocupar-se em procurar chegar à certeza sobre elas. Ouça Vossa Alteza Sereníssima o que responde Santo Agostinho aos irmãos que levantam a questão de que se é verdade que o céu se move ou antes permanece parado:[49] "A estes respondo que a questão de saber se é assim ou não demandaria pesquisas muito sutis e muito laboriosas que eu não tenho tempo nem de empreender nem de prosseguir, como não o deveriam ter

48 Trata-se do decreto do Concílio de Trento, de 1546 "Sobre a edição e o uso dos livros sagrados" promulgado na 4ª sessão. As reflexões de Galileu a este respeito se inspiram na carta de Belarmino a Foscarini, traduzida mais adiante. Ver também a terceira das *Considerações sobre a opinião copernicana*.

49 Este texto já tinha sido utilizado por Galileu acima, à p.319.

os que tenho a peito formar para sua salvação e para o bem da Santa Igreja" (*Genesis ad literam*, Lib. 2, Capítulo 10).

Mas ainda quando, nas proposições referentes à Natureza, a partir de passagens da Escritura expostas concordantemente no mesmo sentido por todos os Padres, se tivesse que tomar a resolução de condená-las ou admiti-las, nem por isso vejo que esta regra tenha lugar no nosso caso, dado que sobre as mesmas passagens se leem diversas exposições dos Padres. Dionísio Areopagita[50] diz que não o Sol, mas o primeiro móvel parou; o mesmo pensa Santo Agostinho, isto é, que pararam todos os corpos celestes; o Abulense é da mesma opinião. Mais ainda, entre os autores judeus, elogiados por Josefo, alguns pensaram que o Sol não parou verdadeiramente, mas que assim pareceu por causa da brevidade do tempo em que os israelitas infligiram a derrota aos inimigos. Igualmente, a respeito do milagre no tempo de Ezequias, Paulo de Burgos julga que ele não se deu **338** no Sol, mas no relógio. Mas que de fato é necessário glosar e interpretar as palavras do texto de Josué, seja qual for a constituição do mundo que se admita, demonstrarei mais adiante.

---

50 Dionísio Areopagita, *Carta a Policarpo*; Santo Agostinho, *As maravilhas da Sagrada Escritura*, Livro 2. Abulense é o título sob o qual se designava Alfonso Tostado, nascido em Madrigal (Castela), professor de teologia e filosofia em Salamanca, bispo de Ávila (donde o epíteto de Abulense), falecido em 1555. Galileu alude às suas *Questões 22 e 24 sobre o Cap. 10 de Josué*. Paulo de Burgos, rabi Selemoh-ha-Levi, convertido por São Vicente de Ferrer em 1388 ou pela leitura da *Suma de Teologia*, de Santo Tomás de Aquino, bispo de Cartagena (1402-1414) e de Burgos (1414 até sua morte), desempenhou grande papel como teólogo da interpretação das Escrituras. Quanto ao milagre do tempo de Ezequias, ver 2 *Reis* 20, 11 e *Isaías* 38,8. A respeito de Dionísio ver também a nota 23, *supra*.

Finalmente, concedamos a estes senhores mais do que pedem, isto é, subscrever inteiramente o parecer dos sábios teólogos. Já que tal indagação particular não foi de fato feita pelos Padres antigos, poderá ser feita pelos sábios de nosso tempo. Estes poderão, depois de ouvidas as experiências, as observações, as razões e as demonstrações dos filósofos e astrônomos a favor de um e outro lado – posto que a controvérsia é a respeito de problemas referentes à Natureza e consiste em dilemas necessários e impossíveis de ser de outro modo senão numa das duas maneiras controversas – determinar com bastante segurança o que as divinas inspirações lhes ditarão. Mas que, sem debater e discutir minuciosamente todas as razões de um e do outro lado e que sem chegar à certeza do fato, se seja a favor de tomar uma tamanha resolução, não é coisa que devam esperar aqueles que não se preocupariam em arriscar a majestade e a dignidade das Sagradas Escrituras para apoiar a reputação de suas vãs imaginações; nem é coisa que devam temer aqueles que não buscam outra coisa senão que se vá com suma atenção ponderando quais são os fundamentos desta doutrina, e isto só por zelo santíssimo pela verdade e pelas Sagradas Escrituras e pela majestade, dignidade e autoridade na qual todo cristão deve procurar que estas sejam mantidas. Ora, essa dignidade quem não vê com quanto maior zelo é desejada e procurada por aqueles que, submetendo-se totalmente à Santa Igreja, pedem, não que se proíba esta ou aquela opinião, mas somente poder colocar em consideração coisas por meio das quais ela tanto mais se garanta na escolha mais segura do que por aqueles que, fascinados pelo próprio interesse ou impelidos por sugestões malignas, preconizam que ela fulmine sem mais a espada, posto que ela tem poder de fazê-lo, não considerando que nem tudo o que se pode fazer é sempre útil que se faça? Já não foram deste parecer os Padres santíssimos; pelo contrário, conhecendo de quanto prejuízo seria para a Igreja Católica e quanto iria contra sua finalidade primária querer, a partir de passagens da Escritura, definir conclusões acerca da Natureza das quais, ou com experiências ou com demonstrações necessárias, se poderia algum dia demonstrar o contrário **339** do que soam as palavras nuas, não somente se mostraram circunspectíssimos, mas deixaram, para ensinamento dos outros, os seguintes preceitos: "Se, sobre coisas obscuras e muito afastadas dos nossos olhos, lemos algo nos livros divinos que poderia, salva a fé de que estamos imbuídos, apresentar a uns um sentido e a outros um outro, guardemo-nos bem de nos pronunciar com tanta precipitação por um destes sentidos, no temor de que, se a verdade mais bem estudada o derrubar, nos derrubará com ele. Não é combater pelo sentido das divinas Escrituras, mas pelo nosso, querer que nosso sentido seja o das Escrituras, quando deveríamos, ao contrário, querer que o sentido das Escrituras fosse o nosso" (Sto. Agostinho, *Genesis ad literam*, Lib. I, Capº 18). Santo Agostinho acrescenta pouco depois, para nos ensinar como nenhuma proposição pode ser contra a Fé se primeiro não foi demonstrado que é falsa, o seguinte: "Ela não pode ser considerada em oposição à Fé enquanto não for refutada de modo certo; se isso tiver lugar, então é preciso considerar que esta proposição provinha, não da divina Escritura, mas da ignorância humana" (*Genesis ad literam*, Lib. I, Capº 19). Donde se vê como seriam falsos os sentidos que nós déssemos a passagens da Escritura toda vez que não concordassem com as verdades demonstradas; e que se deve, com a ajuda da verdade demonstrada, buscar o sentido seguro da Escritura e não, de acordo com o som nu das palavras que parecesse verdadeiro à nossa fraqueza, querer de certo modo forçar a Natureza e negar as experiências e as demonstrações necessárias.

Ademais, note Vossa Alteza com quantas cautelas procede este santíssimo homem antes de resolver-se a afirmar que alguma interpretação da Escritura é certa e de tal modo segura que não se haja de temer que possa encontrar alguma dificuldade que nos traga incômodo. Não contente com que algum sentido da Escritura concorde com alguma demonstração, acrescenta: "Se uma razão certa nos mostra a verdade de algo, permanece ainda incerto se é isto que o escritor quis que se compreendesse por estas palavras dos livros santos e não uma outra coisa igualmente verdadeira. Se o contexto de suas palavras prova que ele não pretendeu isto, então a outra coisa que ele quis fazer compreender não será falsa, mas verdadeira e mais útil de se conhecer" [*idem, ibidem*]. Mas o que aumenta a admiração a respeito da circunspecção com que este autor procede é que, não confiando em ver que as razões demonstrativas, o que **340** soam as palavras da Escritura e o resto do texto precedente ou subsequente convergem na mesma intenção, acrescenta as seguintes palavras: "Se o contexto não repugna a que o escritor sagrado tenha querido que se compreendesse isto, restará ainda procurar se ele não quis que se entendesse também outra coisa" [*idem, ibidem*]. Nem se resolvendo aceitar este sentido ou excluir aquele, antes não lhe parecendo jamais poder julgar-se suficientemente acautelado, continua: "E se acharmos que ele pôde querer também outra coisa, então será incerto qual das duas ele quis; ou não há inconveniente em pensar que ele quis que se compreendessem ambas, se ambas as sentenças se apoiam sobre o contexto certo" [*idem, ibidem*]. Finalmente, como se quisesse dar a razão deste seu procedimento, mostra-nos a que perigos exporiam a si mesmos, às Escrituras e à Igreja aqueles que, considerando mais a manutenção de seu próprio erro do que a dignidade da Escritura, quisessem estender a autoridade desta além dos limites que ela própria se prescreve. Acrescenta, assim, as seguintes palavras que, por si sós, deveriam bastar para reprimir e moderar a excessiva licença que alguém pretende tomar: "Acontece muito frequentemente que mesmo um não cristão possui sobre a Terra, o Céu, os outros elementos deste mundo, o movimento, a revolução, a própria grandeza e os intervalos dos astros, os eclipses do Sol e da Lua, os períodos dos anos e dos tempos, as naturezas dos animais, das plantas, das pedras e outras coisas semelhantes, conhecimento tal que é sustentado por razão e experiência certíssimas. Ora, seria muito vergonhoso, pernicioso mesmo, e isto deve ser evitado acima de tudo, que um infiel, ouvindo um cristão falar destas coisas, como se ele falasse delas de acordo com as Escrituras Cristãs, e o vendo se enganar sobre estes assuntos, como se diz, por toda a distância que separa o Céu da Terra, não pudesse se impedir de rir. O mais desagradável não é que um homem que se engana seja objeto de zombaria, mas que aqueles que não são dos nossos possam crer que nossos autores pensam assim, o que os faria criticá-los e rejeitá-los como autores desprovidos de ciência, para grande detrimento daqueles cuja salvação temos a peito. Porque, quando estes sábios infiéis surpreendem um cristão em erro sobre assuntos que lhes são perfeitamente conhecidos e o veem afirmar o que ele diz como tirado de nossos livros, poderão eles crer nestes livros quando nos falam da ressurreição dos mortos, da esperança da vida eterna, do reino dos céus, vendo-os cheios de erros sobre coisas que eles podem conhecer por experiência ou descobrir por razões indubitáveis?" (*Genesis ad literam*, Lib. I, Capº 9). Há homens que, para sustentar proposições por

341 eles não compreendidas, vão de certo modo empenhando as passagens das Escrituras, limitando-se em seguida a aumentar o primeiro erro com a apresentação de outras passagens menos entendidas que as primeiras. O quanto são ofendidos os Padres verdadeiramente sábios e prudentes por estes que assim procedem, o mesmo santo explica com as seguintes palavras: "É indizível a pena e a tristeza que cristãos presunçosos causam, por sua temeridade, aos irmãos prudentes, quando, vendo-se reprovados e refutados a propósito de suas pervertidas e falsas opiniões, por aqueles que não se submetem à autoridade de nossos livros, esforçam-se por sustentar suas asserções, tão levianas e temerárias quanto evidentemente falsas, trazendo estes mesmos livros santos como prova ou citando deles, mesmo de memória, as passagens que creem favoráveis à sua opinião, não compreendendo nem o que estes dizem nem o alcance do que afirmam" [*idem, ibidem*].

Parece-me que são do número destes aqueles que, não querendo ou não podendo compreender as demonstrações e experiências com as quais o autor e os seguidores desta posição a confirmam, procuram, no entanto, trazer à baila as Escrituras. Não se dão conta de que, quanto mais passagens destas apresentam e quanto mais persistem em afirmar que estas são claríssimas e que não admitem outros sentidos senão aqueles que eles lhes dão, de tanto maior prejuízo seriam para a dignidade destas (se acaso o seu juízo fosse de grande autoridade), acontecendo que a verdade manifestamente conhecida em sentido contrário acarretasse alguma confusão, ao menos naqueles que estão separados da Santa Igreja, dos quais, no entanto, ela é muito zelosa e mãe desejosa de reconduzi-los ao seu grêmio. Veja, pois, Vossa Alteza quão desordenadamente procedem aqueles que, nas discussões acerca da Natureza, colocam na primeira frente como seus argumentos passagens da Escritura, bem frequentemente mal entendidas por eles.

Mas, se estes que assim procedem julgam verdadeiramente e creem inteiramente possuir o verdadeiro sentido de tal passagem particular da Escritura, é preciso, por consequência necessária, que se estimem também seguros de ter em mãos a verdade absoluta daquela conclusão acerca da Natureza que pretendem discutir e que, simultaneamente, saibam que têm uma vantagem muito grande sobre o adversário, a quem toca defender a parte falsa; dado que aquele que sustenta a verdade pode dispor **342** de muitas experiências sensíveis e de muitas demonstrações necessárias para a sua parte, ao passo que o adversário não pode valer-se de outra coisa senão de aparências enganadoras, de paralogismos e falácias. Ora, se eles, restringindo-se dentro dos limites da Natureza e não apresentando outras armas senão as filosóficas, sabem de toda maneira que são tão superiores ao adversário, por que, ao chegar depois ao embate, de repente lançam mão de uma arma indefensável e tremenda para aterrorizar com a sua só vista o adversário? Mas, se devo dizer a verdade, creio que sejam eles os primeiros a ficar aterrorizados e que, sentindo-se incapazes de permanecer firmes contra os assaltos do adversário, tentam encontrar um modo de não se deixar abordar por ele. Proíbem-lhe, assim, o uso do discurso que a Bondade Divina lhe concedeu e abusam da justíssima autoridade da Sagrada Escritura que, bem-entendida e usada, não pode jamais, de acordo com a sentença comum dos teólogos, opor-se às experiências manifestas ou às demonstrações necessárias. Se não me engano, que estes tais se refugiem nas Escrituras para encobrir a sua impossibilidade de compreender, bem como de refutar as razões contrárias, não deverá ser-lhes de nenhum proveito, não tendo sido jamais até aqui tal opinião condenada pela Santa Igreja. No entanto, se quisessem proceder com sinceridade, deveriam calar-se, confessando-se incapazes de poder tratar de semelhantes assuntos. Ou então deveriam considerar primeiro que, se está bem no poder deles disputar acerca da falsidade de uma proposição, não está no poder deles nem de outros, exceto do Sumo Pontífice ou dos sagrados Concílios, declarar que uma proposição é errônea. Depois, compreendendo como é impossível que alguma proposição seja simultaneamente verdadeira e herética, deveriam ocupar-se daquela parte que mais lhes diz respeito, isto é, demonstrar a falsidade desta; a qual, logo que fosse descoberta, ou não seria mais preciso interdizer tal proposição porque ninguém seria partidário dela; ou o interdizê-la seria seguro e sem perigo de escândalo algum.

Por isso, apliquem-se primeiro estes tais a refutar as razões de Copérnico e dos outros e deixem depois o condenar sua opinião como errônea e herética a quem isto compete. Mas não esperem que seja de se encontrar, nos circunspectos e sapientíssimos Padres e na sabedoria absoluta Daquele que não pode errar, aquelas resoluções repentinas nas quais eles próprios às vezes se deixariam precipitar por algum sentimento **343** ou interesse particular. Porque, sobre estas e outras proposições semelhantes, que não são diretamente de Fé, não há ninguém que duvide que o Sumo Pontífice guarda sempre poder absoluto de admiti-las ou de condená-las; mas já não está no poder de criatura nenhuma fazê-las ser verdadeiras ou falsas, diversamente daquilo que elas, pela sua natureza e de fato, se acham ser. Por isso, parece que melhor conselho é assegurar-se primeiro da verdade necessária e imutável do fato, sobre a qual ninguém tem poder, do que, sem tal segurança, ao condenar uma parte, privar-se da autoridade e liberdade de poder sempre escolher, transformando em necessidade aquelas determinações que de presente são indiferentes, livres e reservadas ao poder da autoridade suprema. Em suma, se não é possível que uma conclusão seja declarada herética enquanto se duvida se ela pode ser verdadeira, vã deverá ser a fadiga daqueles que pretendem condenar a mobilidade da Terra e a estabilidade do Sol se primeiro não demonstram que ela é impossível e falsa.

Resta[51] finalmente considerarmos em que medida é verdade que a passagem do livro de Josué pode ser tomada sem alterar o puro significado das palavras e como é possível que, obedecendo o Sol à ordem de Josué de que ele parasse, resultasse disto que o dia se prolongasse por muito tempo.

Se os movimentos celestes forem tomados de acordo com a constituição ptolomaica, tal coisa não pode acontecer de modo algum. Porque o movimento do Sol se faz pela eclíptica segundo a ordem dos signos, a qual é do Ocidente para o Oriente, isto é, contrária ao movimento do primeiro móvel do Oriente para o Ocidente, que é o que produz o dia e a noite. Daí ser claro que, cessando o Sol o seu verdadeiro e próprio movimento, o dia se tornaria mais curto e não mais longo; e que, ao contrário, o modo de alongá-lo seria acelerar o seu movimento; tanto

51 Inicia-se de novo um trecho concordista. Vide *supra*, notas 4 e 20.

que, para fazer que o Sol permanecesse acima do horizonte
344 por algum tempo num mesmo lugar, sem declinar para o Ocidente, conviria acelerar o seu movimento tanto que igualasse o do primeiro móvel, o que seria acelerá-lo cerca de trezentas e sessenta vezes mais do que o seu costumeiro. Se, portanto, Josué tivesse tido a intenção de que as suas palavras fossem tomadas no seu puro e propríssimo significado, teria dito ao Sol que ele acelerasse o seu movimento tanto que o impulso do primeiro móvel não o levasse ao acaso. Mas, porque as suas palavras eram ouvidas por gente que talvez não tivesse outro conhecimento dos movimentos celestes senão deste máximo e comuníssimo do Oriente para o poente, acomodando-se à capacidade deles e não tendo intenção de ensinar-lhes a organização das esferas, mas só de que compreendessem a grandeza do milagre feito no alongamento do dia, falou de acordo com o conhecimento deles.

Foi talvez esta consideração que levou primeiro Dionísio Areopagita[52] a dizer que neste milagre parou o primeiro móvel e, parando este, em consequência, pararam todas as esferas celestes; o próprio Santo Agostinho é desta mesma opinião e o Abulense a confirma longamente. Ademais, que a intenção do próprio Josué era de que parasse todo o sistema das esferas celestes, percebe-se pela ordem dada também à Lua, se bem que esta não tivesse o que fazer no alongamento do dia; sob a ordem dada à Lua entendem-se os orbes dos outros planetas, não mencionados nesta passagem como em todo o resto das Sagradas Escrituras, cuja intenção jamais foi a de nos ensinar as ciências astronômicas.

---

52 Vide *supra*, nota 50.

Parece-me, portanto, se não me engano, que bastante claramente se discerne que, posto o sistema ptolomaico, é necessário interpretar as palavras num sentido distinto do seu significado. Interpretação esta que, advertido pelos utilíssimos testemunhos de Santo Agostinho, não direi que é necessariamente a acima, de tal modo que outra, talvez melhor e mais adequada, não possa ocorrer a algum outro. Mas desejo trazer por último à consideração se porventura este mesmo milagre não se poderia compreender de maneira mais adequada a quanto lemos no livro de Josué, no sistema copernicano, com **345** a adjunção de uma outra observação recentemente apontada por mim no corpo solar. Falo sempre com as mesmas reservas de não ser de tal modo apegado às minhas coisas que queira preferi-las às dos outros e crer que melhores e mais adequadas à intenção das Sagradas Escrituras não se possam aduzir.

Suponha-se, portanto, em primeiro lugar, que no milagre de Josué imobilizou-se todo o sistema dos movimentos celestes, de acordo com o parecer dos autores supramencionados, isto para que não se confundissem todas as organizações e se introduzisse sem necessidade grande confusão em todo o curso da Natureza ao ser imobilizado um só daqueles. Passo, em segundo lugar, a considerar como o corpo solar, se bem que parado no mesmo lugar, gira, no entanto, sobre si mesmo, fazendo uma revolução completa em cerca de um mês, assim como concludentemente me parece ter demonstrado nas minhas *Cartas sobre as manchas solares*. Vemos com nossos olhos que este movimento é inclinado para o meio-dia na parte superior do globo solar e, por isso, na parte inferior inclina-se para o aquilão do mesmo modo precisamente como se dão as revoluções de todos os orbes dos planetas. Em terceiro

lugar, se considerarmos a nobreza do Sol e sendo ele fonte de luz, pela qual são iluminados – como também demonstro necessariamente – não só a Lua e a Terra, mas todos os outros planetas, igualmente obscuros por si mesmos, não creio que seja afastado do bem filosofar dizer que ele, como ministro máximo da Natureza e de certo modo alma e coração do mundo, infunde nos outros corpos que o circundam não só a luz, mas também o movimento, ao girar sobre si mesmo. De maneira que, se cessasse o movimento do coração no animal, do mesmo modo cessariam todos os outros movimentos dos seus membros, assim também, cessando a rotação do Sol, cessam as rotações de todos os planetas. Se bem que, da admirável força e energia do Sol, eu pudesse apresentar os assentimentos de muitos escritores de peso, espero que me seja bastante uma só passagem do bem-aventurado Dionísio Areopagita no livro *Sobre os nomes divinos*,[53] que escreve o seguinte sobre o Sol: "A luz também reúne e faz convergir para ela todas as coisas que se veem, que se movem, que brilham, que se aquecem e, numa palavra, todas as coisas que são sustentadas pelo seu esplendor.
346 Por isso o Sol é chamado Ílios, porque congrega e reúne todas as coisas dispersas". Um pouco mais adiante escreve sobre o mesmo Sol: "Se, com efeito, este Sol, que nós vemos e que é uno e difunde a luminosidade de maneira uniforme, renova, alimenta, protege, conduz à perfeição, divide, reúne, aquece, torna fecundas, aumenta, muda, firma, produz, move e torna vivas todas as essências e qualidade do que cai sob os sentidos, embora sejam múltiplas e dissímiles e todas as coisas deste Universo, segundo a sua capacidade, participam do único e

53 Cf. *supra*, nota 23.

mesmo Sol e as causas de múltiplas coisas, que dele participam, ele as tem antecipadas igualmente em si, certamente com maior razão etc.". Sendo, pois, o Sol tanto fonte de luz como princípio dos movimentos, querendo Deus que, à ordem de Josué, todo o sistema do mundo permanecesse por muitas horas imóvel no mesmo estado, bastou imobilizar o Sol; com sua imobilidade, paradas todas as outras revoluções, tanto a Terra como a Lua e o Sol permaneceram no mesmo arranjo, bem como todos os outros planetas; nem o dia declinou para a noite por todo este tempo, mas, milagrosamente, se prolongou. Desta maneira, com a paralisação do Sol, sem alterar num ponto ou confundir os outros aspectos e arranjos recíprocos das estrelas, pôde-se prolongar o dia na Terra, em excelente conformidade com o sentido literal do texto sagrado.

Mas, se não me engano, aquilo de que se deve ter não pequena estima é que, com este arranjo copernicano, obtém-se o sentido literal claríssimo e facílimo de um outro particular que se lê no mesmo milagre e que é que o Sol parou no meio do céu. Teólogos de peso suscitam sobre esta passagem uma dificuldade, uma vez que parece muito provável que, quando Josué pediu o prolongamento do dia, o Sol estivesse próximo ao poente, e não no meridiano. Porque, se tivesse estado no meridiano, sendo então perto do solstício de verão e, por isso, os dias muito longos, não parece verossímil que fosse necessário pedir o prolongamento do dia para conseguir a vitória numa batalha, podendo bastar muito bem para isto o tempo de sete horas ou mais de dia que restava ainda. Partindo disto, teólogos de muito peso sustentaram verdadeiramente que o Sol estava perto do ocaso e, assim, parece que soam também as palavras que dizem: "Para, Sol, detém-te". Porque, se tivesse estado no meridiano, ou não teria sido preciso procurar o milagre, ou teria bastado pedir apenas algum retardamento. Cajetano[54] é desta opinião, que Magalhães[55] subscreve, confirmando-a com a explicação de que Josué tinha feito tantas outras coisas naquele mesmo dia antes da ordem ao Sol, que era impossível que tivessem sido terminadas na metade de um dia. Donde se verem reduzidos a interpretar as palavras *no meio do céu* verdadeiramente com alguma dificuldade, dizendo que elas importam o mesmo que dizer que o Sol se deteve quando estava no nosso hemisfério, isto é, acima do horizonte. Mas, se não estou errado, tal dificuldade e qualquer outra seriam afastadas de nós, colocando, de acordo com o sistema copernicano, o Sol no meio, isto é, no centro dos orbes celestes e das revoluções dos planetas, como é necessário colocá-lo. Porque, supondo qualquer hora do dia que se queira, a meridiana ou outra o quanto se queira próxima da tarde, o dia foi prolongado e imobilizadas todas as revoluções celestes com o imobilizar-se do Sol no meio do céu, isto é, no centro deste céu onde ele está. Este sentido é tanto mais adequado à letra, além do que se disse, quanto, ainda quando se quisesse afirmar que a parada do Sol se deu na hora do meio-dia, a maneira própria de falar teria sido dizer que "parou no meio-dia, ou no círculo meridiano" e não "no meio do céu", uma vez que o verdadeiro e único meio de um corpo esférico, como é o céu, é o seu centro.

Ademais, quanto a outras passagens da Escritura que parecem contrárias a esta posição, não tenho dúvida de que, se ela

54 Tomás de Vio (1465-1534), bispo de Gaeta, famoso comentador da *Suma de Teologia*, de Tomás de Aquino.

55 Cosme Magalhães (1553-1624), Jesuíta português que publicou em 1612 um tratado em dois volumes sobre o livro de Josué.

fosse reconhecida como verdadeira e demonstrada, os mesmos teólogos que, enquanto a reputam falsa, julgam tais passagens incapazes de exposições que concordem com ela, encontrariam interpretações destas muitíssimo congruentes, sobretudo se acrescentassem algum conhecimento das ciências astronômicas à compreensão das Sagradas Escrituras. Assim como, presentemente, enquanto a julgam falsa, lhes parece encontrar, ao ler as Escrituras, somente passagens contrárias a ela, se tivessem formado um outro conceito, talvez encontrassem outras tantas **348** concordes. Talvez julgassem que a Santa Igreja muito apropriadamente referisse que Deus colocou o Sol no centro do céu e que, por isso, ao girá-lo sobre si mesmo à maneira de uma roda, comunica os cursos ordenados à Lua e às outras estrelas errantes, quando ela canta:

Deus do céu santíssimo,
Que o brilhante centro do céu
Ornas com um esplendor ígneo,
Enchendo-o de esplêndida luminosidade;

Que, no quarto dia, a flamejante
Roda do Sol estabelecendo,
Da Lua fixas a ordenação
E o curso dos astros errantes.[56]

---

56 Estas duas estrofes são o início do hino do breviário romano nas Vésperas da quarta-feira, quarto dia da semana em que, segundo o *Gênesis*, Deus criou os "luminares" e os colocou no céu. Este hino, que faz parte do *corpus* ambrosiano é, na realidade, do século VIII. Galileu cita a versão antiga que foi corrigida pelos Jesuítas em 1632 para melhorar sua métrica.

Poderiam dizer que o nome de firmamento convém "literalmente" muito bem à esfera das estrelas e a tudo que está acima das revoluções dos planetas que, segundo esta disposição, é totalmente fixo e imóvel. Assim, movendo-se a Terra circularmente, compreender-se-iam os seus polos onde se lê: "Ainda não tinha feito a Terra, os rios e os gonzos do globo da Terra,[57] pois estes gonzos parecem inutilmente atribuídos ao globo terrestre se, sobre eles, não se o deve girar.

57 *Provérbios* 8, 26 (segundo a Vulgata).

351 *Considerações sobre a opinião copernicana*[58]

I

Para remover (na medida em que me seja concedido pelo Deus bendito) a ocasião de desviar do retíssimo julgamento a respeito da decisão sobre a controvérsia pendente, intentarei remover dois conceitos que a mim parece que alguns procuram incutir naquelas pessoas às quais cabe deliberar; conceitos estes que, se não me engano, são distintos da verdade.

O primeiro é que não há aí nenhuma ocasião para temer que possa acontecer desenlace escandaloso. Afirma-se que a estabilidade da Terra e a mobilidade do Sol estão de tal modo demonstradas na filosofia que há a esse respeito certeza segura e indubitável; e que, pelo contrário, a posição contrária é tão imenso paradoxo e manifesta estupidez que em nenhuma conta não há dúvida de que, nem agora nem em outro tempo, não só

58 Os três textos publicados por Favaro sob este título não foram impressos durante a vida de Galileu. Destinavam-se certamente a fornecer material para reflexão aos teólogos envolvidos na discussão do sistema de Copérnico, como, em primeiríssimo lugar, o Cardeal Belarmino. Aliás, o terceiro destes escritos responde, ponto por ponto, à carta de Berlamino a Foscarini.

não seja passível de demonstração, mas que nem mesmo seja passível de achar lugar na mente de pessoa judiciosa. O outro conceito que tentam incutir é o seguinte. Se bem que esta posição tenha sido sustentada por Copérnico ou outros astrônomos, isto foi feito "por suposição" e uma vez que ela pôde mais facilmente satisfazer às aparências dos movimentos celestes e aos cálculos e cômputos astronômicos, mas não que os próprios que a supuseram a tenham crido verdadeira "de fato" e na Natureza. Donde concluem que é seguramente possível proceder à execução de sua condenação. Mas, se não laboro em erro, este discurso é falaz e distinto da verdade como posso tornar manifesto pelas seguintes considerações. Estas serão somente gerais e aptas a poderem ser compreendidas sem muito estudo **352** e fadiga mesmo por quem não seja profundamente versado nas ciências naturais e astronômicas. Se acaso se apresentar a ocasião de ter de tratar estes pontos com aqueles que fossem muito exercitados nestes estudos ou, pelo menos, tivessem tempo para poderem dedicar-se como requereria a dificuldade da matéria, não proporia outra coisa senão a leitura do próprio livro de Copérnico, da qual e da força de suas demonstrações se descortinaria abertamente quanto sejam verdadeiros ou falsos os dois conceitos de que falamos.

Que, portanto, a opinião heliocêntrica não deve ser desprezada como ridícula, demonstra-o a qualidade dos homens tanto antigos como modernos que a sustentaram e a sustentam. Nem poderá alguém julgá-la ridícula se não considera ridículos e estúpidos, primeiro Pitágoras com toda a sua escola. Filolau, mestre de Platão, o próprio Platão, como testemunha Aristóteles nos livros *Sobre o céu*, Heráclides do Ponto e Ecfanto, Aristarco de Samos, Hicetas, Seleuco, o matemático. O próprio Sêneca não só não a ridiculariza, mas zomba de quem a considerasse ridícula, ao escrever no livro *Sobre os cometas* o seguinte: "A esta questão está ligada aquela outra de saber se a Terra permanece imóvel, girando o mundo à volta dela, ou se a Terra se move, permanecendo o mundo móvel; houve alguns, com efeito, que afirmaram que a Natureza nos move sem que o percebamos e que os céus não nascem nem se põem, mas que nós é que nascemos e nos pomos. Trata-se de um problema digno de consideração, quer dizer, sabermos em que estado nos encontramos, se nos coube a mais imóvel ou a mais veloz das moradias, se Deus move todas as coisas à nossa volta ou nos move a nós". Quanto aos modernos, Nicolau Copérnico, em primeiro lugar, a relembrou e a confirmou amplamente em todo o seu livro. Depois dele, outros, entre os quais temos Guilherme Gilbert, médico e filósofo eminente, que dela trata e confirma longamente no último livro *Sobre o magneto*; João Kepler, filósofo e matemático ilustre vivo, a serviço do falecido e do presente Imperador, segue a mesma opinião; Davi Origno, no princípio de suas *Efemérides*, comprova a mobilidade da Terra com longuíssimo discurso; nem nos faltam outros autores que publicaram suas razões a favor dela. Ademais, poderia nomear muitíssimos seguidores de tal doutrina, embora não tenham trazido a público escritos a respeito dela e que vivem em Roma, Florença, Veneza, Pádua, Nápoles, Pisa, Parma e outros lugares. Tal doutrina não é, portanto, ridícula, visto ser sustentada por grandíssimos homens e, embora o número destes seja pequeno, em comparação com os seguidores da opinião comum, isto é prova, antes, da dificuldade de ser compreendida do que de sua futilidade.

Além disso, que ela se funda em razões poderosíssimas **353** e eficacíssimas, pode-se provar pelo fato de todos os seus seguidores terem sido primeiro de opinião contrária; mais, que estes até riram-se por longo tempo dela e a julgaram estupidez. Do que eu, Copérnico e todos os outros que vivem, podemos dar testemunho. Ora, quem crerá que uma opinião julgada fútil, até mesmo estúpida, que não tem sequer um entre mil filósofos que a siga, até mesmo reprovada pelo Príncipe da filosofia corrente, possa se impor por outro meio que solidíssimas demonstrações, experiências evidentíssimas e observações refinadíssimas? Certo que ninguém se deixará afastar de uma opinião bebida com o leite materno e com os primeiros estudos, plausível para quase todo o mundo, apoiada na autoridade de ponderabilíssimos escritores, se as razões em contrário não forem mais que eficazes. Se raciocinarmos atentamente, concluiremos que tem mais valor a autoridade de um só que segue a opinião contrária, pois aqueles que têm de ser persuadidos da verdade do sistema copernicano são todos a princípio muitíssimo contrários a este. Donde eu raciocinaria da seguinte maneira. Estes que têm de ser persuadidos, ou são capazes de entender as razões de Copérnico e dos seus outros seguidores ou não; além disso, estas razões, ou são verdadeiras e demonstrativas ou falaciosas. Se aqueles que devem ser persuadidos forem incapazes de compreender as demonstrações, não ficarão jamais persuadidos nem pelas razões verdadeiras nem pelas falsas; já aqueles que sejam capazes de compreender a força das demonstrações, não ficarão, igualmente, jamais persuadidos quando essas demonstrações forem falsas; assim, pelas demonstrações falazes não ficarão persuadidos nem os que entendem nem os que não entendem. Portanto, não podendo absolutamente ninguém ser afastado de seu primeiro conceito por razões que são falazes, segue-se, por ilação necessária, que, se alguém ficar persuadido do contrário daquilo que 354 ele acreditava primeiro, as razões são persuasivas e verdadeiras. Mas, "de fato", encontram-se muitos persuadidos pelas razões de Copérnico e de outros. Portanto, essas razões são eficazes, e a opinião não merece o nome de ridícula, mas de digna de ser muitíssimo atentamente considerada e ponderada.

Ademais, quanto seja fútil argumentar pela plausibilidade desta ou daquela opinião a partir da simples multidão dos seus seguidores, pode-se facilmente concluir do seguinte. Visto que não há ninguém que siga esta opinião que primeiro não fosse da opinião contrária e, ao contrário, não se encontre sequer um só que, tendo sustentado esta opinião, passe para a outra, seja qual for o discurso que ouça a respeito, provavelmente se pode julgar, mesmo por quem não ouvisse as razões nem de uma nem de outra parte, que as demonstrações a favor da mobilidade da Terra são muito mais vigorosas que as da outra parte. Mas, direi mais. Se a probabilidade das duas opiniões tivesse de decidir-se por votação, eu não somente me satisfaria em declarar-me vencido somente quando a parte adversa tivesse em cem votos um a mais que eu, mas me contentaria que todo voto particular do adversário valesse por dez dos meus, com a condição de que a escolha fosse feita por pessoas que tivessem ouvido perfeitamente, compreendido a fundo e examinado com finura todas as razões e fundamentos das partes. É bem razoável que assim devam ser aqueles que devem dar os votos. Portanto, esta opinião não é ridícula e desprezível, enquanto pouco segura é a de quem quisesse fazer grande cabedal da opinião geral, da multidão dos que não estudaram acuradamente estes autores. O que, pois, se deve dizer ou em que conta ter os gritos e as fúteis bisbilhotices da alguém que nem sequer percebeu os primeiros e mais simples princípios destas doutrinas, nem acaso é capaz de entendê-los jamais em algum tempo?

Os que persistem em querer afirmar que Copérnico tenha, somente como astrônomo, considerado "por hipótese" a mobilidade da Terra e a estabilidade do Sol, tendo em vista que ela satisfaz melhor o salvar as aparências celestes e o cálculo dos movimentos dos planetas, mas não que a acreditasse verdadeira e na Natureza, mostram (seja mencionado sem malquerença) ter crido demasiado no relato de quem talvez fale mais por julgamento próprio do que por prática que tenha no livro de Copérnico e na compreensão desta questão. Por essa razão, discorrem a respeito de modo não de todo apropriado.

355 Primeiro (detendo-nos apenas nas conjecturas gerais), veja-se o prefácio de Copérnico ao Sumo Pontífice Paulo III, ao qual dedica a obra. Encontrar-se-á, em primeiro lugar, como para satisfazer à parte que estes dizem caber ao astrônomo, ele tinha feito e completado a obra de acordo com a hipótese da filosofia comum e de conformidade com o próprio Ptolomeu, de tal modo que nada havia aí a desejar. Mas depois, despindo-se da roupa de puro astrônomo e vestindo a de quem contempla a Natureza, se pôs a examinar se esta suposição já introduzida pelos astrônomos e que, no que se refere aos cálculos e aparências de movimentos, planeta por planeta, satisfazia de maneira suficiente, poderia ainda subsistir "de verdade" no mundo e na Natureza. Verificando que de maneira nenhuma podia haver tal disposição de partes das quais, se bem cada uma fosse bastante proporcionada em si mesma, depois, ao reuni-las todas, chegava-se a formar uma monstruosíssima quimera, pôs-se, como digo, a contemplar qual poderia ser realmente na Natureza o sistema do mundo, não mais apenas para a comodidade do puro astrônomo, a cujos cálculos já tinha satisfeito, mas para chegar ao conhecimento de tão nobre problema da Natureza, seguro, além disso, de que, se às simples aparências se tinha podido satisfazer com hipóteses não verdadeiras, obter-se-ia isto de modo muito melhor com a constituição verdadeira e natural do mundo. Achando-se riquíssimo de observações verdadeiras e reais na Natureza, feitas no curso das estrelas, sem cujo conhecimento é de todo impossível obter tal conhecimento, aplicou-se com infatigável esforço à descoberta dessa constituição. Primeiro, solicitado pela autoridade de tantos grandíssimos homens da Antiguidade, dedicou-se à consideração da mobilidade da Terra e da estabilidade do Sol. Sem esta solicitação e autoridade, por si mesmo, ou não lhe teria vindo à mente tal concepção, ou a teria tido, como ele confessa a ter tido à primeira vista, como ficção e grandessíssimo paradoxo. Mas, descobrindo depois, com longas observações sensíveis, com eventos concordes e firmíssimas demonstrações, que estava de tal modo de acordo com a harmonia do mundo, ficou inteiramente certo de sua verdade. Portanto, esta posição não foi introduzida para satisfazer o astrônomo puro, mas para satisfazer a necessidade da Natureza.

Além do mais, Copérnico sabia e escreveu no lugar citado que dar a conhecer ao mundo esta opinião o faria ser conside- **356** rado louco pela infinidade dos seguidores da filosofia corrente e mais ainda pela totalidade do vulgo. Apesar de tudo, ele a publicou, forçado pelas instâncias do Cardeal de Cápua e do bispo de Kulm. Ora, que loucura não teria sido a sua se ele, julgando tal opinião falsa na Natureza, a tivesse publicado como se fosse considerada verdadeira por ele, com a certeza de haver de ser considerado por isso um tolo por todo o mundo? Por que não teria ele então declarado que a utilizava apenas como astrônomo e que a negava como filósofo, evitando com esta declaração, para louvor de sua grande sensatez, a pecha geral de tolice?

Além disso, Copérnico refere bastante minuciosamente os fundamentos e as razões pelas quais os antigos acreditaram que a Terra é imóvel e depois, examinando o valor de cada uma em particular, demonstra sua ineficácia. Ora, quem jamais viu um autor sensato pôr-se a refutar as demonstrações comprobatórias de uma posição que ele julga verdadeira e real? De que senso seria ele dotado, reprovando e condenando uma conclusão, enquanto efetivamente desejava que o leitor cresse que a considerava verdadeira? Semelhantes incongruências não podem ser atribuídas a um tal homem.

Ademais, considere-se atentamente que, tratando-se da mobilidade ou repouso da Terra ou do Sol, encontramo-nos num dilema de proposições contraditórias, das quais, por necessidade, uma é verdadeira, nem se pode de modo algum recorrer a dizer que talvez não seja nem desta nem daquela maneira. Ora, se a estabilidade da Terra e a mobilidade do Sol são "de fato" verdadeiras na Natureza e absurda é a posição contrária, como se poderá dizer de maneira razoável que a posição falsa concorda melhor que a verdadeira com as aparências manifestas visíveis e sensíveis nos movimentos e disposições dos astros? Quem é que não sabe que a harmonia de todas as verdades na Natureza é de uma perfeita consonância e que as posições falsas têm uma dissonância rudíssima em relação aos efeitos verdadeiros? Concordaria, então, em toda espécie de consonância, a mobilidade da Terra e a estabilidade do Sol com a disposição de todos os outros corpos do mundo e com todas as aparências, que são mil, que nós e nossos antecessores observamos de maneira muitíssimo cuidadosa, e seria tal posição falsa? A estabilidade da Terra e a mobilidade do Sol, julgadas verdadeiras, não poderão concordar de modo nenhum com as outras verdades? Se se pudesse dizer que não é verdadeira nem esta nem aquela posição, poderia ser que uma fosse mais conveniente que a outra para dar razão das aparências. Mas, que **357** das mesmas posições, das quais uma é necessariamente falsa e a outra verdadeira, tenha-se que afirmar que a falsa corresponde melhor aos efeitos na Natureza, verdadeiramente ultrapassa minha imaginação. Acrescento e respondo: se Copérnico confessa ter satisfeito plenamente os astrônomos com a hipótese comum tida como verdadeira, como se há de dizer que ele quisesse ou pudesse satisfazer de novo os mesmos astrônomos com uma hipótese falsa e tola?

Mas passo a considerar internamente a natureza da questão e a mostrar com quanta atenção se deve discorrer a respeito.

Os astrônomos fizeram até agora duas espécies de suposições: algumas são primeiras e dizem respeito à verdade absoluta na Natureza; outras são segundas e foram imaginadas para dar razão das aparências nos movimentos dos astros, as quais se mostram de certo modo não concordantes com as suposições primeiras e verdadeiras. Por exemplo, Ptolomeu, antes de dedicar-se a satisfazer as aparências, supõe, não como astrônomo puro, mas como puríssimo filósofo, ou melhor, toma dos próprios filósofos que os movimentos celestes são todos circulares e regulares, isto é, uniformes, que o céu é de forma esférica, que a Terra está no centro da esfera celeste, que ela é também esférica e imóvel etc. Voltando-se depois para a irregularidade que observamos nos movimentos e nas distâncias dos planetas, que parece contradizer as primeiras suposições naturais estabelecidas, passa a uma outra espécie de suposições que tem por mira reencontrar as razões de como, sem mudar as primeiras, possa haver a desigualdade evidente e sensível nos movimentos dos astros na sua aproximação e afastamento da Terra. Para isso, introduz alguns movimentos que, embora circulares, têm outros centros distintos do da Terra, descrevendo círculos excêntricos e epiciclos. Esta segunda suposição é aquela da qual alguém poderia dizer que o astrônomo a supõe para satisfazer seus cálculos sem obrigar-se a sustentar que ela esteja "de verdade" na Natureza. Vejamos agora em que espécie de hipótese Copérnico coloca a mobilidade da Terra e a estabilidade do Sol. Não há dúvida nenhuma, se bem considerarmos, que ele a coloca entre as posições primeiras e necessárias na Natureza, uma vez que, no que toca às aparências, ele já tinha, como foi citado, dado satis- **358** fação aos astrônomos, pela outra via e só se aplica depois a esta para satisfazer o problema máximo no que concerne à Natureza. Antes mesmo, é tão falso que ele tome esta suposição para satisfazer a parte dos cálculos astronômicos que ele próprio, quando chega a estes cálculos, abandona esta posição e retorna à antiga como mais adequada e fácil de ser compreendida e, ainda, como apta no mais alto grau para os mesmos cálculos. Ainda que, por sua natureza, tanto supor uma posição quanto a outra, isto é, fazer girar a Terra ou os céus, seja adequada para os cálculos particulares, o já terem tão grandes geômetras e astrônomos em tantos e tão grandes livros demonstrado os acidentes das ascensões retas e oblíquas das partes do zodíaco em relação ao círculo equinoxial, as declinações das partes da eclíptica, a diversidade dos ângulos desta com os horizontes oblíquos e com o meridiano e mil outros acidentes particulares necessários para integrar a ciência astronômica, faz que o próprio Copérnico, quando passa a considerar tais acidentes dos primeiros movimentos, os considere à maneira antiga, como se dando nos círculos traçados no céu e movidos em torno da Terra, estável, embora a imobilidade e a estabilidade residam no céu mais alto, denominado primeiro móvel, e a mobilidade na Terra. Por isso, conclui no prólogo do 2º livro: "Ninguém se admire se ainda mencionarmos pura e simplesmente o nascer e o pôr-do-sol e das estrelas e coisas semelhantes; saberá que falamos de acordo com a linguagem corrente que pode ser entendida por todos; mas temos sempre em mente que

Arrastados pela Terra, para nós o Sol e a Lua passam,
Os lugares das estrelas retornam e de novo se afastam.

Não se coloque, pois, de maneira nenhuma em dúvida que Copérnico assume a mobilidade da Terra e a estabilidade do Sol, não por outra razão nem de outra maneira senão para estabelecer, na qualidade de filósofo natural, esta hipótese da primeira espécie. Ao contrário, quando chega à parte dos cálculos astronômicos, volta a assumir a hipótese antiga que imagina que os círculos dos primeiros movimentos com seus acidentes estão no mais alto céu em volta da Terra estável, por ser mais fácil de ser compreendida por todos por causa do costume arraigado. Mas, que digo eu? Tanta é a força da verdade e a fraqueza da falsidade que aqueles que discorrem desta maneira revelam-se por si mesmos não de todo entendidos e versados nestas matérias, uma vez que se deixaram persuadir que a segunda espécie de hipótese é considerada quimérica e
359 fabulosa por Ptolomeu e os outros astrônomos de peso e que estes, na verdade, a consideram falsa na Natureza e introduzida

exclusivamente para facilitar os cálculos astronômicos. Desta vaníssima opinião não aduzem outra fundamentação senão uma passagem de Ptolomeu que, não tendo podido observar no Sol mais do que uma simples anomalia, escreveu que para dar razão desta era possível assumir tanto as hipóteses do excêntrico simples quanto do epiciclo no concêntrico, acrescentando que pretende ater-se à primeira por ser mais simples que a segunda. A propósito destas palavras, alguns argumentam de modo bastante fraco que Ptolomeu considerou tanto uma quanto outra posição não necessária, ou melhor, fictícia, posto que afirma poder acomodar-se com uma ou outra, enquanto que uma só e não mais pode ser atribuída à teórica do Sol. Mas, que leviandade é esta? E quem será que, supondo verdadeiras as primeiras suposições, de que os movimentos dos planetas são circulares e regulares e admitindo (como os próprios sentidos nos obrigam) que todos os planetas, ao percorrerem o zodíaco, ora sejam lentos, ora velozes, e mesmo que eles, na sua maioria, não se mostrem apenas lentos, mas permaneçam estacionários e retrocedam, que os percebamos, ora muito grandes e próximos da Terra, ora muito pequenos e distantes; quem será, digo, entre os profissionais, que, compreendendo estas primeiras posições, poderá negar depois que os excêntricos e os epiciclos se encontrem realmente na Natureza? Isto, que é muito desculpável nos não profissionais destas ciências, nos outros que as praticam seria indício de que nem sequer compreendem bem o significado dos termos "excêntrico" e "epiciclo". Com igual razão, alguém que confessasse que, de três caracteres, o primeiro é D, o segundo I, o terceiro O, poderia depois, em conclusão, negar que da reunião deles resulte DIO (Deus) e afirmar que representam OMBRA (sombra).

Mas, ainda que as razões discursivas não bastassem para fazer compreender a necessidade de dever pôr de modo muitíssimo real os excêntricos e epiciclos na Natureza, ao menos os sentidos deverão persuadir disto. De fato, veem-se os quatro planetas mediceanos descrever em torno de Júpiter e, de maneira nenhuma, em torno da Terra quatro pequenos círculos, isto é, quatro epiciclos. Vênus, ora cheia de luz, ora em forma de foice finíssima, deverá fornecer argumento necessário de sua rotação em torno do Sol e não em torno da Terra e, consequentemente, de que seu curso é num epiciclo. Argumentar-se-á do mesmo modo a respeito de Mercúrio. Além disso, que outra coisa se poderá concluir do fato de os três planetas superiores ficarem muitíssimo próximos da Terra quando estão em oposição ao Sol e muitíssimo afastados perto das conjunções – tanto que Marte, na proximidade maior, se mostra à vista cinquenta e mais vezes maior do que no afastamento máximo (donde se ter às vezes temido que ele se tivesse extraviado e esvanecido, uma vez que permanece verdadeiramente invisível por causa de seu afastamento extremo) – senão que sua rotação se dá em círculos excêntricos ou então em epiciclos ou na combinação destes e daqueles, se tivermos em conta a segunda anomalia? Portanto, negar os excêntricos e os epiciclos aos movimentos dos planetas é como negar a luz no Sol ou então é contradizer-se a si mesmo. Aplicando mais positivamente tudo quanto digo ao nosso propósito, enquanto algum outro diz que os astrônomos modernos introduzem o movimento da Terra e a estabilidade do Sol "por suposição" para salvar as aparências e para possibilitar os cálculos, assim como, do mesmo ponto de vista, admitem-se os excêntricos e os epiciclos, mas que os mesmos astrônomos os julgam quimeras contrárias à Natureza, eu digo que admitirei de boa vontade todo este discurso, contanto que eles ainda se contentem em permanecer nas suas próprias concessões, de tal modo que a mobilidade da Terra e a estabilidade do Sol sejam tão falsas ou verdadeiras na Natureza quanto os epiciclos e os excêntricos. Façam, portanto, estes todo o seu esforço para remover a verdadeira e real existência de tais círculos. Quando lhes for possível removê-los demonstrativamente da Natureza, de pronto me rendo e lhes concedo que a mobilidade da Terra é um grande absurdo. Mas se, ao contrário, se virem obrigados a admiti-los, confessem também a mobilidade da Terra e confessem que foram convencidos por suas próprias contradições.

A este propósito, poderia aduzir muitas outras coisas. Mas, porque julgo que quem não fica persuadido por tudo quanto disse, também não ficaria por muitas outras razões, desejo que bastem estas. Acrescentarei apenas qual possa ter sido o motivo com cujo apoio alguns podem, com alguma aparência de verossimilhança, ter tido a opinião de que o próprio Copérnico não tenha verdadeiramente crido na sua hipótese.

Lê-se no verso da folha de rosto do livro de Copérnico certo prefácio ao leitor, o qual não é do autor, porque fala deste na terceira pessoa, e não tem assinatura. Neste se lê claramente que não se deve crer de modo nenhum que Copérnico julgasse **361** verdadeira sua posição, mas que só a arquitetou e introduziu em vista dos cálculos dos movimentos celestes. Termina seu discurso concluindo que tê-la como verdadeira e real seria tolice. Conclusão tão resoluta que, quem não lê o que vem depois e a julga introduzida ao menos com o consentimento do autor, merece alguma desculpa por seu erro. Mas deixo que cada um aprecie por si em que conta se deva ter o parecer de quem quisesse julgar um livro não lendo deste outra coisa senão um breve prefácio do editor e livreiro. E digo que tal prefácio não pode ser de outro senão do livreiro para facilitar a venda do livro, que teria sido considerado por todo o mundo uma fantástica quimera se não lhe fosse acrescentado tal abrandamento, uma vez que o comprador costuma, o mais das vezes, dar uma lida em tais prefácios antes de comprar as obras. Que este prefácio não somente não seja do autor, mas que tenha sido inserido sem seu conhecimento, bem como sem seu consentimento, manifestam-no os erros aí literalmente contidos, os quais o autor jamais teria admitido.

Escreve este prefaciador que não se deve considerar verossímil, a não ser por quem fosse de todo ignorante de geometria e de ótica, que Vênus tenha um epiciclo tão grande que possa, ora preceder, ora pospor-se ao Sol em 40° ou mais, pois seria necessário que, quando está o mais alto possível, o seu diâmetro aparecesse apenas como a quarta parte daquele que aparece quando está o mais baixo possível e que o seu corpo fosse visto, nesta posição, 16 vezes maior do que naquela. A estas coisas, diz ele, são contrárias as experiências de todos os séculos. Nestas palavras, vê-se, em primeiro lugar, que ele não sabe que Vênus se afasta para cá e para lá do Sol pouco menos de 48° e não 40°, como ele diz. Além disso, afirma que seu diâmetro deveria aparecer 4 vezes e seu corpo 16 vezes maior nesta posição do que naquela. No que, primeiro, por falta de geometria, ele não compreende que, quando um globo tem o diâmetro 4 vezes maior que o de um outro, em consequência o corpo é 64 vezes maior e não 16, como ele afirma. De tal modo que, se ele julgava absurdo tal epiciclo e queria por isso declará-lo impossível na Natureza, se tivesse entendido esta

matéria, poderia tornar o absurdo muito maior. Com efeito, de acordo, com a posição que ele quer reprovar e que é admitida pelos astrônomos, Vênus afasta-se do Sol quase 48°, acarre-
362 tando que sua distância, quando está o mais afastada possível da Terra, é mais de seis vezes maior do que quando está o mais perto possível. Em consequência, seu diâmetro aparente é mais de 6 vezes maior nesta posição do que naquela e não 4, e o corpo mais de 216 vezes maior e não somente 16. Erros tão vergonhosos, que não é de se crer que fossem cometidos por Copérnico nem por outros senão por pessoas absolutamente imperitas. Ademais, por que apresentar como grande absurdo tal vastidão de epiciclo para que, por tal absurdo, se haja de julgar que Copérnico não tenha considerado, nem outrem deva considerar, suas posições como verdadeiras? Deveria, contudo, recordar-se de que, se Copérnico, no Capítulo 10 do livro primeiro, falando *ad hominem*, objeta aos astrônomos que seria uma exorbitância conceder a Vênus um epiciclo tão grande que excedesse todo o côncavo da Lua mais de duzentas vezes e não contivesse nada dentro de si, tal absurdo é posteriormente supresso por ele uma vez que demonstra claramente que dentro do orbe de Vênus está contido o orbe de Mercúrio e o próprio corpo do Sol, colocado no centro daquele. Portanto, que leviandade é esta de querer convencer que uma posição é errônea e falsa por força de um inconveniente que esta mesma posição não só não introduz na Natureza, mas suprime inteiramente? Bem como suprime também os enormes epiciclos que os outros astrônomos, por necessidade, introduziram no outro sistema. É só isto quanto aborda o prefaciador de Copérnico. Donde se pode argumentar que, se houvesse considerado algo a mais pertinente à profissão, outros tantos erros teria cometido.

Mas, finalmente, para suprimir toda sombra de dúvida, se o fato de uma tão grande diversidade nas grandezas aparentes do corpo de Vênus não aparecer à vista, houvesse de colocar em dúvida sua rotação circular em torno do Sol de acordo com o sistema de Copérnico, faça-se cuidadosa observação com instrumento apropriado, isto é, com um telescópio perfeito, e encontrar-se-á que tudo corresponde exatamente quanto ao efeito e na experiência. Isto é, ver-se-á Vênus, quando está o mais perto possível da Terra em forma de foice e com um diâmetro umas seis vezes maior do que quando está no seu afastamento máximo, isto é, acima do Sol, onde é percebida redonda e pequeníssima. Assim, como do fato de não discernir esta diversidade a olho nu (pelas razões por mim aduzidas alhures), pareceria que se pudesse negar razoavelmente tal posição, assim também agora, ao ver a mais exata correspondência neste ponto particular e em qualquer outro, remova-se toda dúvida e seja considerada verdadeira e real. Quanto ao que diz **363** respeito ao restante deste admirável sistema, quem quer que deseje certificar-se da opinião do próprio Copérnico, leia não uma vã escritura do editor, mas toda a obra do próprio autor. Sem dúvida, apalpará com as próprias mãos que Copérnico sustentou como a mais verdadeira possível a estabilidade do Sol e a mobilidade da Terra.

II

364 A mobilidade da Terra e a estabilidade do Sol não podem jamais ser contra a fé ou as Sagradas Escrituras se for verdadeiramente provado por filósofos, astrônomos e matemáticos, com experiências sensíveis, com observações cuidadosas e com demonstrações necessárias que ela é verdadeira na Natureza. Mas, neste caso, se algumas passagens da Escritura parecerem soar o contrário, devemos dizer que isto acontece por fraqueza de nossa inteligência que não pôde penetrar o verdadeiro ensinamento da Escritura neste particular. Esta é doutrina comum e muitíssimo correta, visto que uma verdade não pode contrariar outra verdade. Por isso, quem desejar condená-la de acordo com o direito precisa, primeiro, demonstrar que ela é falsa na Natureza, respondendo às razões em contrário.

Agora, para assegurar-se de sua falsidade, procura-se por que lado se deve começar, isto é, pelas autoridades da Sagrada Escritura ou então pela refutação das demonstrações e experiências dos filósofos e astrônomos. Respondo que se deve começar pelo lugar mais seguro e afastado de ocasionar escândalo, isto é, começar pelas razões naturais e matemáticas. Porque, se verificarmos que as razões probantes da mobilidade da Terra são falazes e as razões contrárias são demonstrativas, já estaremos certos da falsidade de tal proposição e da verdade da contrária com a qual dizemos agora que é consoante com o sentido das Escrituras. De tal modo que, livremente e sem perigo, poder-se-á condenar a proposição falsa. Mas, se verificarmos que aquelas razões são verdadeiras e necessárias, nem por isso será causado prejuízo algum às autoridades da Escritura. Antes, teremo-nos tornado cautelosos, uma vez que por nossa ignorância não tínhamos penetrado os verdadeiros sentidos das Escrituras, os quais poderemos agora alcançar, ajudados pela recém-descoberta verdade acerca da Natureza. De tal modo que começar pelas razões é sob todos os aspectos seguro. Mas, ao contrário, quando, apoiados somente sobre o que nos parecesse o verdadeiro e certíssimo sentido das Escrituras, se passasse a condenar tal proposição sem examinar a força das demonstrações, que escândalo não surgiria quando as experiências sensíveis e razões mostrassem o contrário? E quem teria introduzido confusão na Santa Igreja? Os que **365** propunham um exame o mais elevado possível sobre as demonstrações ou então os que as tivessem desprezado? Veja-se, pois, qual é o caminho mais seguro.

Além disso, à medida que nós concedemos que uma proposição a respeito da Natureza, que se demonstra ser verdadeira com demonstrações da ciência da Natureza e matemáticas, não pode jamais contrariar as Escrituras, mas que, em tal caso, era a fraqueza de nossa inteligência que não tinha penetrado os verdadeiros ensinamentos dessas Escrituras, em consequência, quem quisesse servir-se da autoridade das mesmas passagens das Escrituras para refutar a mesma proposição e demonstrar que ela é falsa, cometeria o erro que é denominado "petição de princípio". Porque, tendo já, por força das demonstrações, ficado duvidoso qual seja o verdadeiro sentido das Escrituras, não podemos mais tomá-lo como claro e seguro para refutar a mesma proposição, mas é preciso mostrar a fraqueza das demonstrações e encontrar a sua falácia com outras razões, experiências e observações mais certas. Quando for encontrada, desta maneira, a verdade "de fato" e na Natureza, então, e não antes, poderemos estar seguros do verdadeiro sentido das Escrituras e seguramente poderemos nos servir dele. Portanto, o caminho seguro é começar pelas demonstrações, confirmando as verdadeiras e refutando as falsas.

Se a Terra, "de fato", se move, nós não podemos mudar a Natureza e fazer que ela não se mova. Mas podemos muito bem remover a oposição da Escritura, apenas confessando não termos penetrado o seu verdadeiro sentido. Portanto, o caminho da segurança de não errar é começar pelas pesquisas astronômicas e de ciência da Natureza, e não pelas escriturísticas.

Ouço dizer que os Padres, ao interpretar as passagens da Escritura referentes a este ponto, concordam em interpretá-las de acordo com o sentido mais simples possível e de conformidade com o puro significado das palavras. Não convém, portanto, emprestar-lhes outro ensinamento nem alterar a explicação comum, porque isto seria acusar os Padres de inadvertência ou negligência. Respondo, admitindo tão razoável e conveniente advertência, mas acrescento que temos mais do que pronta a desculpa para os Padres. É que eles não explicaram jamais as Escrituras de modo diverso do que soam as palavras nesta matéria porque a opinião da mobilidade da Terra estava no tempo deles inteiramente morta, nem mesmo se discorria a respeito dela, bem como não se escrevia sobre ela nem era sustentada. Daí, nenhum indício de negligência incidir sobre os Padres, pois não refletiram sobre o que era totalmente desconhecido. **366** Que eles não tivessem refletido sobre isso é manifesto pelo fato de não se encontrar nos seus escritos sequer uma palavra sobre esta opinião. Mais ainda, se alguém dissesse que eles a consideraram, isto tornaria muito mais perigoso querer condená-la, visto que estes a consideraram e não só não a condenaram, mas não puseram a respeito dela dúvida alguma.

Portanto, a defesa dos Padres é facílima e rápida. Mas, ao contrário, seria de fato muitíssimo difícil ou impossível escusar e liberar de tal indício de inadvertência os Sumos Pontífices, os Concílios e os reformadores dos catálogos de livros proibidos, os quais teriam deixado correr por 80 anos contínuos uma opinião e um livro que, tendo sido, primeiro, escrito a instâncias de um Sumo Pontífice e, depois, impresso por ordem de um Cardeal e de um Bispo, dedicado a um outro Sumo Pontífice, ademais, singular nesta doutrina – donde não se pode dizer que ele tenha podido permanecer oculto – foi admitido pela Santa Igreja, embora sua doutrina fosse errônea e digna de condenação. Se, portanto, a consideração de que não é conveniente taxar os nossos maiores de negligente deve, como convém, influir e ser tida em grande conta, advirta-se que, por querer evitar um absurdo, não se incorra em outro maior.

Mas, ainda quando parecesse a alguém inconveniente abandonar a explicação comum dos Padres, mesmo em proposições acerca da Natureza, se bem que não discutidas por eles, nem tendo entrado em sua consideração a proposição contrária, pergunto o que deveria-se fazer quando as demonstrações necessárias concluíssem que o que se dá na Natureza é o oposto. Qual dos dois decretos deveria ser alterado? O que determina que nenhuma proposição pode ser verdadeira e errônea, ou o outro obriga a considerar "de Fé" as proposições sobre a Natureza qualificadas como concorde interpretação dos Padres? A mim, se não me engano, parece que seria mais seguro modificar este segundo decreto do que querer obrigar a ter como "de Fé" uma proposição sobre a Natureza que se demonstrasse falsa de fato e na Natureza por razões concludentes. Parece-me que se poderia dizer que a concorde explicação dos Padres deve ser de absoluta autoridade nas proposições por eles discutidas e das quais não se tivesse demonstrações em contrário e fosse certo que não se poderia jamais ter. Deixo estar que parece bastante claro que o Concílio obriga somente a concordar com a explicação comum dos Padres "em questões de Fé e de costumes etc.".

III

367 1º. Copérnico afirma os excêntricos e os epiciclos. Estes não foram razão para refutar o sistema ptolomaico (estando eles indubitavelmente no céu), mas outras exorbitâncias.

2º. Quanto aos filósofos, se forem verdadeiros filósofos, isto é, amantes da verdade, não deverão irritar-se, mas, reconhecendo que opinaram mal, deverão agradecer a quem lhes mostra a verdade; se a sua opinião permanecer de pé, terão causa de gloriar-se e não de irritar-se. Os teólogos não deverão irritar-se porque, verificando-se falsa tal opinião, poderão livremente proibi-la; verificando-se verdadeira, deverão alegrar-se de que outros lhes tenham aberto o caminho para encontrar os verdadeiros sentidos das Escrituras e impedido que incorressem num grave escândalo de condenar uma proposição verdadeira.

Quanto a tornar falsas as Escrituras, isto não está nem jamais estará na intenção dos astrônomos católicos como nós; ao contrário, nossa opinião é a de que as Escrituras concordam muitíssimo bem com as verdades demonstradas sobre a Natureza. Guardem-se, no entanto, alguns teólogos não astrônomos de tornar falsas as Escrituras ao querer interpretá-las contra proposições que podem ser verdadeiras e demonstradas na [Natureza].

3º. Poderia ser que nós tivéssemos dificuldades em explicar as Escrituras etc. Mas isto por ignorância nossa, e não porque aí haja realmente, ou possa haver, dificuldade insuperável em concordá-las com as verdades demonstradas.

4º. O Concílio fala "das questões de Fé e de costumes etc.". O dizer, além disso, que tal proposição é "de Fé por causa de quem fala", se bem que não "por causa do objeto" e que, por isso, faz parte das mencionadas pelo Concílio, se responde que tudo o que está na Escritura é "de Fé por causa de quem fala"; donde, sob tal aspecto, deveria ser abrangido pela regra do Concílio, o que claramente não aconteceu porque teria mencionado "em toda palavra das Escrituras a explicação dos Padres deve ser seguida etc.", e não "nas questões de Fé e de costumes". Tendo, pois, dito "nas questões de Fé", vê-se que sua intenção foi de entender "nas questões de Fé por causa do **368** objeto". Em seguida, parece-me que depende da seguinte razão que seja muito mais "de Fé" sustentar que Abraão tinha filhos e que Tobias tinha um cachorro porque a Escritura o diz, do que sustentar que a Terra se move, se bem que isto também se diga na mesma Escritura e que negar aquilo seja heresia, mas não o negar isto. É que, tendo havido sempre no mundo homens que tiveram 2, 4, 6 filhos etc. e também nenhum e igualmente quem tem cachorros e quem não tem – donde ser igualmente crível que alguém tenha filhos ou cães e que outrem não tenha – não aparece nenhuma razão ou consideração pela qual o Espírito Santo tivesse de afirmar nestas proposições algo diverso da verdade, sendo a todos os homens igualmente crível a parte negativa e a afirmativa. Mas isto não acontece com a mobilidade da Terra e a estabilidade do Sol que, sendo proposições muitíssimo afastadas da apreensão do vulgo, aprouve ao Espírito Santo acomodar os pronunciamentos das Sagradas Letras à capacidade deste nestas coisas que não dizem respeito à sua salvação, se bem que "da parte das coisas" o fato se dê de outro modo.

5º. Quanto a pôr o Sol no céu e a Terra fora dele, como parece que as Escrituras afirmam etc., esta me parece verdadeiramente uma simples apreensão nossa e apenas um modo de falar "de nosso ponto de vista", porque realmente tudo aquilo que é circundado pelo céu está no céu, assim como tudo aquilo que está circundado pelos muros está na cidade. Pelo contrário, se alguma vantagem tivesse de ser assinalada, aquilo que está no meio e, como se diz, no coração da cidade e do céu está mais no céu e na cidade. A diferença "do nosso ponto de vista" é porque nós consideramos a região dos elementos que circunda a Terra muito diferente da parte celeste. Mas esta diversidade existirá sempre, pondo-se esses elementos em qualquer lugar que se queira. Sempre será verdade que "do nosso ponto de vista" a Terra nos esteja abaixo e o céu acima, porque todos os habitantes da Terra têm o céu sobre a cabeça, que é o nosso "acima", e sob os pés o centro da Terra, que é o nosso "abaixo". Assim, em referência a nós, o centro da Terra e a superfície do céu são os lugares mais distantes possíveis, isto é, extremos de nosso "acima" e "abaixo", que são os pontos diametralmente opostos.

6º. Não crer que haja demonstração da mobilidade da Terra enquanto ela não é mostrada é suma prudência; nem se pede de nossa parte que alguém creia tal coisa sem demonstração. **369** Pelo contrário, nós não procuramos outra coisa senão que, para utilidade da Santa Igreja, seja examinado com suma severidade o que os seguidores desta doutrina sabem e podem alegar e que não se lhes admita nada se aquilo em que eles insistem não supera de longe as razões da outra parte; quando eles não tiverem mais que 90% de razão, que sejam recusados; mas, quando for demonstrado que tudo aquilo que alegam os filósofos e astrônomos adversos é em geral falso e tudo sem importância nenhuma, não se despreze a outra parte nem se considere paradoxo a ponto de não duvidar que jamais possa ser demonstrado abertamente. É bem possível fazer tão generosa oferta porque é claro que os que sustentarem a parte falsa não poderão ter a seu favor nem razão, nem experiência nenhuma válida. Donde ser forçoso que todas as coisas concordem e se encaixem com a parte verdadeira.

7º. É verdade que não é o mesmo mostrar que, com a mobilidade da Terra e estabilidade do Sol, salvam-se as aparências e demonstrar que tais hipóteses são realmente verdadeiras na Natureza. Mas é bem tão ou mais verdadeiro que com o outro sistema comumente aceito não se pode dar razão de tais aparências. Aquele é indubitavelmente falso, assim como é claro que este, que se adapta muitíssimo bem, pode ser verdadeiro. Nem se pode ou se deve buscar outra verdade maior numa postura do que a correspondência a todas as aparências particulares.

8º. Não se pede que em caso de dúvida se abandone a explicação dos Padres, mas apenas que se procure chegar à certeza do que é duvidoso e que, por isso, não se despreze aquilo para onde se veem inclinar e ter inclinado filósofos e astrônomos muitíssimo grandes. Feito, então, todo o exame necessário, tome-se a decisão.

9º. Nós cremos que tanto Salomão como Moisés e todos os demais escritores sagrados conheciam perfeitamente a constituição do mundo, como sabiam também que Deus não tem nem mãos, nem pés, nem raiva, nem esquecimento, nem arrependimento, nem jamais colocaremos isso em dúvida. Mas digamos o que dizem os Santos Padres, em particular Santo Agostinho, a respeito destas matérias, que o Espírito Santo quis ditar assim pelas razões alegada etc.

10º. O erro da aparente mobilidade da praia e estabilidade do navio nos é conhecido depois de termos estado muitas vezes

370 na praia observando o movimento das barcas e muitas outras na barca observando a praia. Assim, se pudéssemos ora estar na Terra ora ir ao Sol ou a outra estrela, talvez víssemos com todo o conhecimento sensível e seguro qual deles se move. Se bem que, se não olhássemos outra coisa senão estes dois corpos, sempre nos parecia que aquele onde nos encontrássemos estivesse parado, assim como a quem não olhar outra coisa senão a água e a barca sempre lhe parecerá que a água corre e a barca está parada. Além da enorme disparidade que há entre uma pequena barca separada de todo o seu meio ambiente e uma praia imensa que sabemos imóvel por mil e mil experiências. Digo imóvel em relação à água e à barca. É muito diferente da comparação entre dois corpos, ambos consistentes por si mesmos e igualmente dispostos ao movimento e ao repouso. De tal modo que, quadraria melhor fazer comparação de dois navios entre si dos quais, de modo absoluto, aquele em que estivéssemos nos pareceria sempre estável, por todo o tempo em que não pudéssemos fazer outra relação senão a que ocorre entre esses dois navios.

Há, pois, necessidade muitíssimo grande de corrigir o erro a respeito da aparência se a Terra ou então o Sol se move, sendo claro que para alguém que estivesse na Lua ou em qualquer outro planeta que se queira, sempre lhe pareceria estar parado e que as outras estrelas se movessem. Mas estas e muitas outras mais aparentes razões dos seguidores da opinião comum são as que devem ser desatadas de maneira muitíssimo mais que manifesta antes de pretender ser apenas ouvidos para não dizer aprovados. "Está muito longe" que não tenha havido de nossa parte exame muitíssimo minucioso de quanto nos é apresentado contra. Além do que, nem Copérnico nem seus seguidores se serviram desta aparência tomada da praia e da barca para provar que a Terra esteja em movimento e o Sol em repouso. Mas a aduzem somente como um exemplo que serve não para demonstrar a verdade da postura, mas a não repugnância entre o poder-nos parecer a Terra estável e o Sol móvel, quanto a uma simples aparência dos sentidos, se bem que realmente aconteça o contrário. Se esta fosse a demonstração de Copérnico, ou se as outras suas demonstrações não concluíssem com maior eficácia, creio verdadeiramente que ninguém o elogiaria.

171

Roberto Belarmino a Paulo Antônio Foscarini

Roma, 12 de abril de 1615.
Ao Mui Reverendo Padre Mestre Frei Paulo Antônio Foscarini, Provincial dos Carmelitas da Província da Calábria
Meu mui Reverendo Padre,

Li com prazer a carta em italiano e o escrito em latim que Vossa Paternidade me enviou. Agradeço-lhe por uma e outro e confesso que estão ambos cheios de engenho e de doutrina. Mas, visto que o senhor pede o meu parecer, o darei de modo muito breve porque o senhor tem agora pouco tempo de ler, e eu tenho pouco tempo de escrever.

Primeiro. Digo que me parece que Vossa Paternidade e o Senhor Galileu ajam prudentemente, contentando-se em falar "por suposição" e não de modo absoluto, como eu sempre cri que tenha falado Copérnico. Porque dizer que, suposto que a Terra se move e o Sol está parado, salvam-se todas as aparências melhor do que com a afirmação dos excêntricos e epiciclos, está mencionado muitíssimo bem e não há perigo algum. Isto basta para o matemático. Mas querer afirmar que realmente o Sol está no centro do mundo e gira apenas sobre si mesmo sem correr do Oriente ao Ocidente e que a Terra está no 3º céu e gira com suma velocidade em volta do Sol é coisa muito perigosa não só de irritar todos os filósofos e teólogos escolásticos, mas também de prejudicar a Santa Fé ao tornar falsas as Sagradas Escrituras. Porque Vossa Paternidade mostrou bem muitos modos de explicar as Sagradas Escrituras, mas não os aplicou em particular, pois, sem dúvida, haveria de encontrar grandíssimas dificuldades se tivesse querido explicar todas as passagens que o senhor mesmo citou.

172 2º. Digo que, como o senhor sabe, o Concílio proíbe explicar as Escrituras contra o consenso comum dos Santos Padres. Se Vossa Paternidade quiser ler, não digo apenas os Santos Padres, mas os comentários modernos sobre o Gênesis, sobre os Salmos, sobre o Eclesiastes, sobre Josué, verá que todos concordam em explicar literalmente que o Sol está no céu e gira em torno da Terra com suma velocidade e que a Terra está muitíssimo distante do céu e está imóvel no centro do mundo. Considere agora o senhor, com sua prudência, se a Igreja pode tolerar que se dê às Escrituras um sentido contrário aos Santos Padres e a todos os expositores gregos e latinos. Nem se pode responder que esta não é matéria de Fé, porque, se não é matéria de Fé "por parte do objeto", é matéria de Fé "por parte de quem fala". Assim, seria herético quem dissesse que Abraão não teve dois filhos e Jacó doze, como quem dissesse que Cristo não nasceu de uma virgem, porque um e outro o diz o Espírito Santo pela boca dos Profetas e Apóstolos.

3º. Digo que, se houvesse verdadeira demonstração de que o Sol esteja no centro do mundo e a Terra no 3º céu e de que o Sol não circunda a Terra, mas a Terra circunda o Sol, então seria preciso proceder com muita atenção na explicação das Escrituras que parecem contrárias e dizer, antes, que não as entendemos, do que dizer que é falso aquilo que se demonstra. Mas não crerei que há tal demonstração até que me seja mostrada. Nem é o mesmo demonstrar que, suposto que o Sol esteja no centro e a Terra no céu, salvam-se as aparências, e demonstrar que na verdade o Sol esteja no centro e a Terra no céu. Porque a primeira demonstração creio que possa haver, mas da segunda tenho dúvida muitíssimo grande e, em caso de dúvida, não se deve abandonar a Escritura Sagrada, explicada pelos Santos Padres. Acrescento que aquele que escreveu "Levanta-se o Sol e se põe, e retorna ao seu lugar etc." foi Salomão, o qual não só falou inspirado por Deus, como também foi um homem muitíssimo mais sábio e douto que todos os demais nas ciências humanas e no conhecimento das coisas criadas, e toda esta sabedoria recebeu-a de Deus. Donde não ser verossímil que afirmasse uma coisa que fosse contrária à verdade demonstrada ou que se pudesse demonstrar. E, se for citado que Salomão fala de acordo com a aparência, parecendo-nos que o Sol gira enquanto a Terra gira, como a quem se afasta da praia parece que a praia se afaste do navio, responderei que quem se afasta da praia, embora lhe pareça que a praia se afaste dele, sabe, no entanto, que isto é um erro e o corrige, vendo claramente que o navio se move e não a praia. Mas, no que se refere ao Sol e à Terra, não há nenhum perito na matéria que tenha necessidade de corrigir o erro porque experimenta claramente que a Terra está parada e que o olho não se engana quando julga que o Sol se move, como também não se engana quando julga que a Lua e as estrelas se movem. Baste isso por agora.

Com o que saúdo afetuosamente Vossa Paternidade e peço a Deus que lhe conceda toda a satisfação.

De casa, a 12 de abril de 1615.

De Vossa Paternidade mui Reverenda
Como irmão,
Cardeal Berlamino

322 Decreto da Sagrada Congregação dos ilustríssimos Cardeais da Santa Igreja Romana, especialmente delegados pelo Santíssimo Senhor Nosso Papa Paulo V e pela Santa Sé Apostólica para o Índice dos livros e para a permissão, proibição, correção e impressão deles em toda a República Cristã.

Visto fazer já algum tempo que vieram a lume, entre outros, alguns livros que contêm várias heresias e erros, a Sagrada Congregação dos Ilustríssimos Cardeais da Santa Igreja Romana, delegados para o Índice, foi de parecer que eles deviam ser totalmente condenados e proibidos para que, de sua leitura, não surgissem, com o passar dos dias, prejuízos cada vez mais graves em toda a República Cristã. Assim, pelo presente decreto, condena-os e proíbe-os inteiramente, quer já impressos, quer a serem-no em qualquer lugar e não importa em qual idioma. Ordenando, sob as penas contidas no Sagrado Concílio de Trento e no Índice dos livros proibidos, que ninguém daqui para frente, seja qual for o seu grau ou condição, ouse imprimi-los ou cuidar de sua impressão, ou de qualquer maneira que seja guardá-los consigo ou lê-los. Sob as mesmas penas, quem quer que seja que os possua agora ou venha a possuir no futuro é obrigado a apresentá-los aos Ordinários dos lugares ou aos Inquisidores, imediatamente após tomar conhecimento do presente Decreto. Os livros são os abaixo enumerados, a saber:

"*Os três livros da teologia dos calvinistas*, por Conrado Sohlusserburgo";

"Escotano Redivivo, ou *Comentário Erotemático* aos três primeiros livros do código etc.":

323 "*Explicação histórica da gravíssima questão das Igrejas Cristãs*, especialmente nas regiões ocidentais, na sua sucessão contínua e estado, dos tempos apostólicos até a nossa época, por Tiago Usser, Professor de Sagrada Teologia na Academia de Dublin, na Irlanda";

"*Consulta de Frederico Aquiles*, príncipe de Wuerttemberg, sobre o principado entre as províncias da Europa, feita em Tubingue no Célebre Colégio, no ano de 1613 da era cristã";

"*Enucleados de Donello*, ou dos comentários de Hugo Donello sobre Direito Civil, de tal modo reduzidos a um compêndio etc.".

Chegou também ao conhecimento da supracitada Sagrada Congregação que a falsa doutrina pitagórica da mobilidade da Terra e imobilidade do Sol, totalmente contrária à Divina Escritura, que "As revoluções dos orbes celestes", de Nicolau Copérnico, e o "Comentário sobre Jó", de Diego de Zúñiga ensinam, já se propaga e é aceita por muitos. Isto pode ser verificado por uma certa carta impressa por um certo padre carmelita cujo título é "Carta do Reverendo Padre Mestre Paulo Antônio Foscarini Carmelita, sobre a opinião dos Pitagóricos e de Copérnico a respeito da mobilidade da Terra e estabilidade do Sol e o novo sistema Pitagórico do mundo", Nápoles, Lázzaro Scoriggio, 1615, na qual o referido padre se esforça por mostrar que a mencionada doutrina sobre a imobilidade do Sol no centro do mundo e a mobilidade da Terra concorda com a verdade e não se opõe à Sagrada Escritura. Assim, para que esta opinião não medre mais, destruindo a verdade católica, declarou que "As revoluções dos orbes", de Nicolau Copérnico, e o "Comentário sobre Jó", de Diego de Zúñiga, devem ser suspensos até que sejam corrigidos; que o livro do padre carmelita Paulo Antônio Foscarini deve ser totalmente proibido e condenado; que todos os demais que ensinam o mesmo devem ser igualmente proibidos. De conformidade com o que, pelo presente Decreto, proíbe, condena e suspende a todos respectivamente. Em fé do que o presente Decreto foi assinado pessoalmente pelo Ilustríssimo e Reverendíssimo senhor Cardeal de Santa Cecília, Bispo de Alba, e munido de seu selo no dia 5 de março de 1616.

Paulo, Bispo de Alba, Cardeal de Santa Cecília.

Lugar + do selo. Registro, folha 90.
Frei Francisco Magdaleno Capiferreo,
Ordem dos Pregadores, Secretário.
Roma, Tipografia da Câmara Apostólica, 1616.

A carta de Galileu à Grã-duquesa Cristina de Lorena

Galileu, como outros autores do século XVII, tem um vasto espistolário que ocupa nove volumes das *Opere. Edizione Nazionale* (v.10-18), sem falar de outras cartas que foram inseridas em outros volumes.

Essas cartas tratam de questões variadas, desde problemas científicos até discussões estéticas. Um grupo de cartas muito citadas é constituído por aquelas que se referem especialmente à relação do sistema de Copérnico com a Sagrada Escritura. Trata-se especialmente de quatro cartas dirigidas a Benedetto Castelli (21.12.1613), a Piero Dini (16.2.1615 e 23.3.1615) e à Grã-duquesa mãe de Toscana, Cristina de Lorena (meados de 1615). Estas cartas, que discutem a compatibilidade do sistema copernicano com o texto bíblico, estão publicadas no v.5 das *Opere* (p.281-370); tiveram como motivação circunstancial uma discussão havida sobre este assunto durante um jantar na corte da Toscana em 12.12.1613. Intervieram na discussão Dom Benedetto Castelli, o professor de filosofia Cosimo Boscaglia e a própria Grã-duquesa.

O núcleo do problema está no fato de que o sistema de Copérnico sustenta que o Sol está imóvel no centro de nosso sistema planetário, ao passo que a Terra, além de girar em torno de si mesma, descreve uma órbita em torno do Sol. Ora, isto, pelo menos aparentemente, contradiz o texto da Bíblia, que afirma em vários lugares (*Salmos* 18, 6 e 103,5; I *Crônicas* 16, 20; *Eclesiastes* 1, 4-6; *Josué* 10, 12 – o texto mais conhecido) a imobilidade da Terra e a mobilidade do Sol.

Para compatibilizar o sistema copernicano com o texto bíblico, Galileu recorre a uma estratégia básica constante. Em princípio, o conflito, para ele, só pode ser aparente, pois tanto a Natureza (*Natura*) como a Escritura (*Scrittura*) são obras de Deus. São mesmo os dois livros pelos quais Deus fala à humanidade (cf. *Carta a Cristina de Lorena*, p.317 e 329), e, portanto, imunes de erro. Quem pode errar são os intérpretes da Escritura, que não entenderiam adequadamente o que ela diz, ou os estudiosos da Natureza, que tomariam por demonstração rigorosa o que não passa de hipótese ou opinião. Posto isto, Galileu aponta na direção do que tem sido denominado "teoria da irrelevância" e "teoria da acomodação". Quer dizer, a Bíblia é um texto religioso e moral, não um texto científico. Cita a este propósito o epigrama atribuído ao Cardeal Barônio (1538-1607): "A intenção do Espírito Santo é ensinar-nos como se vai para o céu e não como vai o céu". Por outro lado, a Bíblia, para alcançar sua finalidade própria, usa de uma linguagem corrente em determinado contexto cultural. Ela se adapta ou se acomoda ao modo de falar costumeiro. Seria, pois, um despropósito pretender tomar seu texto, seja como um discurso científico e técnico, seja como devendo ser entendido sempre literalmente.

Como Galileu considera que a Natureza está sujeita a regras de estrita necessidade e o discurso da Escritura não está adstrito a regras tão rigorosas, uma vez determinada a verdade científica, esta deverá servir de guia na interpretação da Escritura. Sua estratégia básica já está esboçada na carta a Castelli e encontra seu desenvolvimento pleno na carta a Cristina de Lorena. Basta considerar que a primeira ocupa apenas 8 páginas da *Edizione Nazionale* e a segunda, 40 páginas, para perceber que Galileu desenvolveu muito mais sua argumentação nesta última e que se valeu desta carta quase como se fosse um pequeno tratado. De fato, este tipo de carta não tinha nenhum destino exclusivamente individual, sendo endereçada apenas ao destinatário aparente. A carta a Castelli circulava em Florença de mão em mão, como indica o frade dominicano Niccolò Lorini, que enviou uma cópia adulterada ao Santo Ofício em 7.2.1615. A carta a Cristina de Lorena só foi publicada em 1636, mas circulou bastante sob a forma manuscrita. Antonio Favaro, o organizador da *Edizione Nazionale*, examinou 34 manuscritos para preparar o texto publicado nesta edição (cf. v.5, p.272-8).

A carta a Cristina de Lorena obedece aos cânones da arte de escrever cartas (*ars dictaminis*) codificados já na Idade Média. De acordo com a análise de Jean Dietz Moss, é possível identificar as partes tradicionais de uma carta: saudação, *captatio benevolentiae*, exposição, petição e conclusão.

A saudação é respeitosa: "Galileu Galilei à Sereníssima Senhora, a Grã-duquesa Mãe". Mas Galileu engata a primeira frase do texto projetando sua pessoa: "Eu descobri há poucos anos, como bem sabe Vossa Alteza Sereníssima, muitas particularidades no céu [...]" (p.309).

A *captatio benevolentiae* apresenta as realizações de Galileu e os ataques injustos de seus rivais. O estilo é direto e lógico, revelando um estudioso fervoroso, dedicado e aguerrido. É um homem de boa vontade, que busca apenas a verdade; seus adversários nem sempre. As artimanhas destes são apresentadas na exposição (*narratio*). Segue-se uma parte que não é costumeira em cartas, isto é, a *divisio* e a *refutatio*. Quer dizer: 1) a identificação dos pontos particulares (argumentos) que seus adversários apresentam para banir o sistema de Copérnico, não só como falso, mas também como herético; 2) refutação destes argumentos – é aqui que aparecem os argumentos da acomodação e da irrelevância, apontados anteriormente.

A petição (*petitio*), à parte o que já foi inserido no decorrer da carta, consiste num apelo a favor de se fazer uso dos sentidos e do intelecto, dons de Deus à humanidade, e não pretender tapar a boca daqueles que os utilizam com um abuso das Escrituras.

Um trecho faz uma exegese concordista do milagre de Josué, procurando mostrar como ele se explica muito bem no sistema copernicano, o que não acontece no sistema ptolomaico (p.344-7). Galileu era de certo modo obrigado a abordar esta questão, pois a Grã-duquesa a ela se referiu na discussão durante o jantar de 12.12.1613. A carta se fecha com uma conclusão no mesmo tom desta explicação do milagre de Josué (p.348).

Apesar de seu brilhantismo retórico, a carta não obteve o fim almejado: convencer as autoridades eclesiásticas de que não havia razão para condenar o sistema de Copérnico. Este foi censurado pelo Santo Ofício em 24.2.1616, e a obra de Copérnico – *As revoluções dos orbes celestes* – foi suspensa, até que fosse corrigida, por um decreto da Congregação do Índice de 5.3.1616.

Por que Galileu falhou? Pergunta complicada, longamente examinada por Jean Dietz Moss no artigo já mencionado. Indiquemos apenas a resposta global:

"Talvez a razão para isso repouse numa notória característica do argumento retórico: ele tende a convencer aqueles que desejam crer de qualquer modo em sua conclusão, ao passo que ele sobretudo irrita aqueles que acham tal conclusão inaceitável. Nos dias atuais, quando as pessoas, em geral, creem que a Terra se move, alguém pode ficar inteiramente satisfeito e até mesmo encantado com a habilidade retórica de Galileu; em 1632, especialmente em Roma e Florença, quando o peso da autoridade e a evidência do senso comum estavam claramente contra esta conclusão, alguém poderia de modo igualmente fácil ficar irritado diante da petulância da tentativa de Galileu em forçar sua aceitação" (Wallace, p.309).[59]

A carta a Cristina de Lorena contém uma verdadeira ladainha que fala de "experiências sensíveis e demonstrações necessárias" em apoio do sistema de Copérnico. Mas Galileu, salvo uma alusão mais explícita, não as apresenta (cf. p.328; Dietz Moss, p.567 e 562-3). Ora, era o que o Cardeal Belarmino pedia...

---

59 Wallace está se referindo ao *Diálogo sobre os dos máximos sistemas do mundo*, donde a data de 1632, objeto do estudo de Finocchiaro. Mas a análise aplica-se também à carta a Cristina de Lorena, e Jean Dietz Moss indica sua dívida para com Finocchiaro.

SOBRE O LIVRO

Formato: 14 x 21 cm
Mancha: 23 x 44 paicas
Tipologia: Venetian 301 12,5/16
Papel: Pólen Soft 80 g/m² (miolo)
Couchê fosco 120g/m² encartonado (capa)
1ª edição: 2009

EQUIPE DE REALIZAÇÃO

Edição de Texto
Thelma Babaoka (Copidesque)
Samuel Grecco (Preparação de original)
Rinaldo Milesi e Érika Aguiar (Revisão)

Editoração Eletrônica
Eduardo Seiji Seki (Diagramação)

Rua Xavier Curado, 388 • Ipiranga - SP • 04210 100
Tel.: (11) 2063 7000 • Fax: (11) 2061 8709
rettec@rettec.com.br • www.rettec.com.br